● 兰州大学教材建设基金资助

化学工程与工艺专业
实验实践指导

主　编	郭跃萍	常彦龙	
编　委	冯庆华	崔振凯	石赟
	于桂琴	徐向阳	

兰州大学出版社
LANZHOU UNIVERSITY PRESS

图书在版编目（CIP）数据

化学工程与工艺专业实验实践指导 / 郭跃萍，常彦
龙主编. -- 兰州：兰州大学出版社，2019.6
ISBN 978-7-311-05626-1

Ⅰ．①化… Ⅱ．①郭… ②常… Ⅲ．①化学工程—化
学实验—高等学校—教材 Ⅳ．①TQ016

中国版本图书馆CIP数据核字(2019)第144692号

责任编辑　郝可伟　　陈红升
封面设计　陈　文

书　　名　化学工程与工艺专业实验实践指导
作　　者　郭跃萍　常彦龙　主编
出版发行　兰州大学出版社　（地址：兰州市天水南路222号　730000）
电　　话　0931-8912613(总编办公室)　0931-8617156(营销中心)
　　　　　0931-8914298(读者服务部)
网　　址　http://press.lzu.edu.cn
电子信箱　press@lzu.edu.cn
印　　刷　北京虎彩文化传播有限公司
开　　本　787 mm×1092 mm　1/16
印　　张　16.25
字　　数　352千
版　　次　2019年6月第1版
印　　次　2019年6月第1次印刷
书　　号　ISBN 978-7-311-05626-1
定　　价　38.00元

前　言

本书是针对化学工程与工艺专业及相关专业的本科学生编写的实验与实践教学的教材。化学工程与工艺实验与实践是在完成化工原理、反应工程、化工热力学、分离工程和化工设计工艺等化工类专业课后对学生进行知识综合应用的一门课程，在学生掌握了基础实验技能的基础上，对各项技能进行交叉应用，培养学生较复杂实验项目的分析和处理能力；通过对实验项目自行设计和动手操作，培养学生处理复杂工程及工艺的能力，并可以培养学生的专业知识和研究能力。

对于大学四年级的学生，其综合实践能力的培养是本科学校教育的重要内容，本课程在保证了实验内容的实用性基础上，通过学生大量阅读本专业文献，体现了实验的先进性。通过与企业培训接轨的实践训练，进一步培养了学生的实践能力。本书体现了本课程的内容。

本书的主要内容包括四部分。第一部分是实验基础，主要由专业实验的数据测量及处理和一些化工实验常用的检测手段、实验室的安全构成。第二部分是根据兰州大学化学工程与工艺专业综合实验室现有的实验装置编写，装置一部分来源于其他高校和企业如天津大学、华东理工大学、美国POP公司等，一部分是本实验中心教师自己研制。第三部分专业实践指导是基于培养学生的化工设备和工艺流程的操作能力，采用现下应用最广泛的东方仿真公司开发的设备及流程模拟软件。第四部分是基于化工常用绘图软件AUTO CAD、流程模拟软件Aspen Plus开设的化工绘图培训和工艺流程模拟培训。

本书第一部分由郭跃萍编写；第二部分由常彦龙、郭跃萍、崔振凯、徐向阳、石赟、于桂琴等编写；第三部分由郭跃萍根据东方仿真公司授权的仿真操作软件手册编写；第四部分由常彦龙、冯庆华编写。全书由郭跃萍统稿。

本书在编写过程中得到了兰州大学出版社及北京东方仿真软件技术有限公司的大力支持，在此表示感谢。

　　由于编者水平和实验设施有限，本书难免存在疏漏和欠缺，欢迎广大读者批评指正。

编者

2019年1月

目

录

第一部分 实验基础

　　专业实验的实验过程一般是由实验设计开始的,其实验的思路与科研工作类似。首先要根据实验的内容制定实验方案,选择可行的技术路线,在实验方案确定好的基础上开始进行实验。在实验的进行过程中数据的测量、处理以及误差分析非常重要。为了更好地表达实验结果,还需要掌握与实验相关的一些实验技术和分析测试方法,最终达到专业实验的教学要求。

第一节　专业综合实验实验设计、数据测量与误差分析、数据处理

一、实验设计基础

（一）实验方案的确定与技术路线的选择

专业实验不同于基础实验，不单单是为了验证某一原理或者观察某一化工现象而开设。开设专业实验的终极目的是有针对性地训练学生对某一具有工业背景的化学工艺问题进行认识、思考以及提出解决方案。实验的过程与科研工作非常类似，通常是通过学生查阅文献，了解背景，知道工艺原理及流程。根据现有的实验条件选取合适的实验方案，组织流程实施，通过训练必要的操作技能最终达到能对该工艺或流程熟练操作并有所收获的目的。

在进行了充分的调研和工艺总结后，可以设计切合实际的实验方案，根据实验方案选择设计可行的技术路线。在选择技术路线时需要遵循几个原则：技术与经济相结合、分解与简化相结合、工艺与工程相结合、资源和环境保护相结合。

由于前期技术研究的基础导致同一种工艺的技术路线很多，在选择技术路线时必须考虑经济的因素。结合技术和经济综合考虑进而选择一条环保、节能、高效的技术路线实施。

在化工流程开发中遇到的研究对象和研究系统一般来说都很复杂，各种反应、设备以及操作因素掺杂交织，对实验的认知造成很大的困难。在选择实验方法时可将研究对象进行层次上的分解，并且对实验系统进行简化处理，将复杂的问题变成单个的可以研究的问题。一般来说，分解时可将整个过程按照由化学因素决定的反应因素和由环境决定的工程因素两个层次来分解。图1-1是以研究固定床内的气固相反应过程为例来说明分解简化原则。

所谓工艺与工程相结合的原则就是将某一反应的工艺特性与反应器的工程特性相结合，使得实验设计在技术路线和方法的选择上有很多的创新。常见的工艺与工程相结合的例子有反应精馏工艺、膜反应器工艺等。

资源和环境保护相结合原则主要是考虑节约能源和保护环境，通过有效地利用自然资源同时避免高污染和高毒性化学品的使用，达到保护环境、清洁生产的目的。

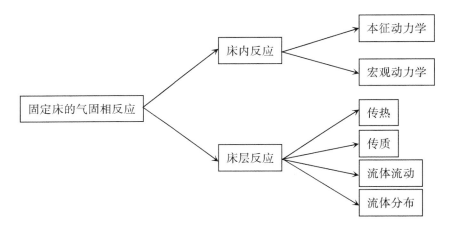

图1-1　固定床内的气固相反应过程分解简化原则

（二）实验内容的确定

实验内容的确定是在技术路线的方法定了以后下一步需要考虑的。在制定实验内容的时候，应该抓住所研究技术课题的主要矛盾展开。确定时主要通过以下几个方面进行：实验内容、实验指标、实验因素、因素水平等。

在实验目的确定的基础上，实验指标应该是围绕实验目的通过实验获取的一些表征研究对象的参数。如研究气液反应的动力学规律时，实验指标可以确定为传质速率、气体的平衡分压以及溶解度等。在工艺实验中，实验指标一般是物质的转化率和收率等。

实验因素是在实验指标确定后找到的可以直接测量的对实验指标产生影响的工艺参数或者操作条件。实验因素一般具有可检测性和相关性，是指可以通过现有的分析测试仪器直接测得以及和实验结果具有明确的关系。在化工实验中常见的实验因素有反应温度、系统压力、原料流量、原料组成、所用溶剂、催化剂种类和用量等。因为影响实验指标的因素往往很多，所以在具体选择实验因素时可根据研究对象的变化规律和精度等要求选择主要的因素来考虑，以免将实验流程复杂化。

因素水平是指所选取的因素在实验中的具体数值状态，一个状态代表一个水平。如系统压力为实验因素，压力所取的值有1 MPa、1.5 MPa、2.0 MPa、2.5 MPa就代表压力有四个水平。选取的因素水平第一必须具有可行性，也就是在现有工艺和设备范围选择；第二要具有代表性，对于重点考察的因素可以选取较多的水平值，而对于影响较小的因素可以选取少量水平值。如系统压力的选择既要保证系统总压安全不超标又要保证反应能够正常进行；而温度的选择则要考虑到催化剂失活等问题。

二、实验设计方法

实验设计方法中最常用的是正交设计法。所谓正交设计法就是通过利用正交表这种规格化的表格来设计实验，正交设计法的特点是：避免重复、实验次数少、数据结果准确的实验。其原理是基于数学中的统计学理论，并充分考虑了所选实验点的代表性以及因素水平搭配的均衡性。在工艺实验的条件优化中应用非常广泛。

正交表是正交设计法中的核心内容，正交表是一系列规格化的表格，实验者可根据实验的实际需要进行选择。正交表的表示方法为：$L_n(K^N)$。其中各个符号代表的意思：L 为正交表；n 为实验次数（也可称为实验号）；K 为因子的水平数；N 为实验因子数（也是正交表中的列号）。

如 $L_4(2^3)$ 是代表实验次数为4次，实验因子为3个，因子水平为2的正交表。表的形式如表1-1所示，表中的列号代表的是可影响实验结果的不同因素（3个影响因素）；实验号代表的是实验次数（共进行4次实验）；表中的1、2表示的是因素在实验中所取的两个水平。

表1-1　正交表 $L_4(2^3)$

列号 实验号	1	2	3
1	1	1	1
2	1	2	2
3	2	1	2
4	2	2	1

正交表的两个特点：第一，一个因素下的水平出现的次数相同，如上表中第一个因素下水平1和水平2分别出现了两次；第二，每两列水平出现的概率相同，如上表中1、2因素中水平1出现了两次，水平2也出现了两次；2、3因素中水平1出现了两次，水平2也出现了两次。

（一）实验数据的采集

实验数据的正确处理和实验成功的先决条件是实验数据的正确采集。在采集实验数据时除了实验装置造成的系统误差外，更应该注意的是人工造成的误差，需要实验人员操作认真、细心，以保证实验原始数据的可靠性。在采集实验数据时可从以下几个方面来加以注意。

首先是选择合适的测试参数和取点分布。一般在实验时选择测定的参数是与研究对象相关的相对独立的参量，在化工实验中一般测定的是系统内介质的流量、系统温度、系统压力、反应物或生成物的浓度等等。一般来说介质的物性参数可以由化工手册中查到，不需要在实验中记录，以降低实验操作的复杂性。中间变量可以通过独立变量和实验参数的数值计算得到。另外，为了保证在实验数据处理过程中得到的数据在绘制成图表时数据分布合理且能充分反映变量的关系，需要在实验进行前选择合适的实验测量点。通常在实验变量为线性关系时，实验取值点可以均匀分布。比如在测定换热器的换热系数的实验中，可以选择分布间隔相等的流体流量值作为研究点来测量。当实验中的变量存在非线性的关系时，可以根据实际的实验需要进行不均匀布点。如在研究流化床的停留时间分布时，由于前期物料浓度变化较快，所以在布点时可以在前期排布较多的测量点，而在后期加大测量点的间隔。

其次是确定读取数据的时机。在实验时读取的数据应该正确反映与之对应的实验规律，所以在读取数据时应该选择合适的时机。比如在稳态实验的过程中，一定要等到装置或流程达到稳定操作时再去读取数据，否则得到的数据非但不能反映实际操作的状态还会影响其他数据的计算结果。对于不稳定操作实验，可以根据实际实验过程提前规划好读数的时间或位置，对于不同组的实验应该取实验的某一瞬时值。

最后是数据的正确读取。在读取数据前应该先正确认识仪表的量程和分度单位等。化工实验中流量的单位较多，读数前应该分清所用的流量计的类型如孔板流量计读压力、转子流量计读不同的流量值，单位不同在计算时需要的设备参数不同，可根据需要提前准备。另外，在实验的过程中对已经读取的数据进行初步分析，及时复检也是避免实验失败的有效方法。可根据所学知识分析所得数据规律是否合适，若发现异常可及时采取措施矫正，提高实验的效率。如在测定换热器给热系数实验时，若热流体总量不变，在增加冷流体的流量后，冷流体的进出口温差会降低。通过简单的分析计算就可以避免一些仪器的或者人为的误差因素，提高了实验的成功率。

（二）实验数据处理与结果评价

1.数据的误差分析

在进行实验研究的时候，数据的可靠性和准确性以及数据是否反映了研究对象的本质，误差分析在其中有着非常重要的作用。

（1）误差的分类

实验中的误差根据其来源和性质可以分为以下三类：系统误差、偶然误差和过失误差。

系统误差主要是由仪器的自身误差以及测量方法导致的误差决定的。在实验的过程中由于实验方法不当、所用试剂和仪器不合适以及实验条件的控制不好等因素导致的误差都属于系统误差。系统误差的特点是：在多次测量中结果都会出现所有值全部偏高或者全部偏低，即单向性，而且由于误差来源是某一个特定的因素，所以得到的数值基本是保持不变的。系统误差是实验过程中的潜在弊端，如果已知其来源因素，就必须设法消除。若由于实验条件限制无法消除，应该在数据处理时将其导致的数值加以矫正。

偶然误差又称随机误差，是实验中普遍存在的、由于一些偶然的因素导致的误差。用统计学眼光来看，这种误差具有对称性、抵偿性和有界性，仅在一定范围内波动，当实验次数很大时这种误差会相互抵消，其算术平均值将接近真值。这种误差在实验中是无法避免的，如测量时环境温度、气压、湿度等的变化都会导致误差的出现。

过失误差主要是由于操作者的主观失误导致的，其误差值比较明显，很容易发现。由此类误差导致的实验结果会严重扭曲，所以在实验时此类误差应予以消除。

（2）误差的表示方法

数据的真实值（一般用 X 来表示）是指某一参量的客观实际值，它是一个客观存在的真实数值。在一般情况下，真实值不能直接测定出来，是未知的。在化工专业实验中，一般采用标准器真值、统计真值以及引用真值三种相对真值。统计真值是在实验中通过多次平行实验，取其平均值或中位值作为其真实值。引用真值就是引用文献或手册上已经被验证或者得到公认的手册上的数据作为真实值。

数据的平均值是指数据的算术平均值，也就是测定值的数值总和除以测定总次数得到的商值，一般用 $\bar{x}$ 来表示，其计算方法可用下式表示：

$$\bar{x} = \frac{1}{n}\sum_{i=1}^{n} x_i \tag{1-1}$$

式中 x_i 是各次测量的测定值，n 为测定次数。

测量值的绝对误差与测量值有一样的量纲，可用下式来计算：

$$\delta_i = x_i - X \quad (i = 1,2,\cdots,n) \tag{1-2}$$

相对误差 ε 一般用百分率或者千分率来表示，量纲是1，用下式计算：

$$\varepsilon = \frac{x_i - X}{X} \times 100\% \tag{1-3}$$

需要注意的是当测量次数无限大时，全部测量值的算术平均值将等于真值。

测量的精度一般用均方根误差 σ 来表示，表示的是测量的精度值。σ 实际上是 δ 正态分布曲线的陡峭程度，当偶然误差分布集中时，其 δ 正态分布曲线很陡峭，这时 σ 值很小；当偶然误差分布相对分散时，其 δ 正态分布曲线较平坦，σ 值较大。测量的准确度越高，其误差值越小。

在等精度测量中，标准差可以用下式计算：

$$\sigma = \sqrt{\frac{\sum_{i=1}^{n}\delta_i^2}{n}} \tag{1-4}$$

（3）误差的传递

误差的传递主要体现在测量值不是直接测量时产生的，而在科学研究或者工程生产时还需要知道间接测量值的大小，所以误差的传递在数据的测量过程中非常重要。

设间接测量值为 y，直接测量值为 $x_1, x_2, \cdots, x_n$，则其函数关系为 $f(x_1, x_2, \cdots, x_n)$，可以用下式来表示 y 的误差：

$$\triangle y = \sum_{i=1}^{n} \frac{\partial f}{\partial x_i} \triangle x_i \tag{1-5}$$

其中 $\triangle x_i (i = 1,2,\cdots,n)$ 是直接测量值的误差，而 $\frac{\partial f}{\partial x_i}$ $(i = 1,2,\cdots,n)$ 为误差传递系数。

当直接测量值 x 对间接测量值 y 的影响为相互独立时，y 的标准差可用下式表示：

$$\delta_y = \sqrt{\sum_{i=1}^{n}\left(\frac{\partial f}{\partial x_i}\right)^2 \delta_i^2} \tag{1-6}$$

式中 δ_i 代表每个直接测量值的标准差。

2.数据结果处理方法

工程实验中得到的数据一般来说很多，大量的实验数据需要应用科学的处理方法来归纳分析，并从中找到各个变量之间的关系得到正确的结论。常用的数据处理方法有三种：列表法、作图法、回归分析法。

（1）实验结果的列表处理

列表法是指将实验中得到的原始数据、计算数据以及最终的计算结果同时列举在表格中，将实验结果集中展示的一种数据处理方法。对于工程类的实验，由于实验数据较多，所以在使用列表法时一般需要两个表：原始数据表和结果计算表。原始数据表是学生根据实验设计和实验需要，在实验前预先设计并制定好的。同时为了保证实验的完整性，制定时应全面考虑各个实验参数和实验变量，避免实验数据记录不充分影响结果。原始数据表只记录实验过程中直接测量的数据。计算结果表是记录实验结束后经过运算得到的实验结果数据，记录的是与实验操作参数直接有关的数据，设计时应该简明扼要。

（2）实验结果的图示处理

作图法是将实验得到的结果用曲线的形式简单明了地表示的数据处理方法。图示法可以将实验的变化规律直观地显示，对于规律中的极值点可以方便地找到。综合实验由于大多是设计探索性实验，实验规律的数据模型往往不能确定，另外，实验过程中对于有些计算复杂且烦琐的数据，通过作图法可以有效地得到解决。使用作图法时，坐标的选择尤其重要。在具体操作时应该选择合适的坐标使得到的函数尽可能线性化，比如在确定换热器经验公式 $Nu = ARe^m Pr^{0.4}$ 中的 A 值和 m 值时，可使用对数坐标。还有，在反应动力学中，利用 $k = Ae^{\left(-\frac{E_a}{RT}\right)}$ 计算反应的活化能和频率因子时也是采用对数坐标。如果考察的变量在实验的范围内发生了数量级的变化，这时也应该采用对数坐标作图。

在确定坐标的分度标值时可以参照以下原则：第一，坐标中最小分度值也就是读数的有效数字应该和实验数据中的有效数字位数相同；第二，在确定坐标比例时，应该尽可能使绘制曲线的切线与 X 轴或 Y 轴成45°夹角；第三，为了得到更详细的曲线信息，应该使绘制的曲线处于坐标系的中心位置，则需要选择实验数据的最小值为起点，坐标的终点选择略高于数据最大值的某一整数。

（3）实验结果的回归分析

回归分析法实际上是将数据结果模型化的处理方法，采用的是数学手段，通过将离散的实验数据通过数学处理回归成具有特定形式的函数。

回归拟合时首先是选择和确定回归方程的数学模型，其次是利用实验数据确定方程中的模型参数，最后是检验方程的等效性。

在选择回归方程的形式时可分为以下三步来实施：第一步，根据已学的理论知识或者文献中的类似工作，选择可能的方程形式；第二步，将实验数据绘制成曲线，选择最接近的方程形式；第三步，在选择的几种可能的模型中将实验数据分别拟合，再利用数学中的概率论等方法对其进行筛选，确定最佳模型。

在确定了数学模型后为了确定方程中的模型参数，需要用实验数据对方程进行拟合。比如常见的线性方程中 $y = a + bx$ 的参数 a 和 b。

利用最小二乘法可以确定线性和非线性、单参数或者多参数数学模型的参数，下面以线性方程 $y = a + bx$ 中 a 和 b 的确定为例来说明。

首先确定其目标函数 Q：

$$Q = \sum (y_i - y') = \sum \left[y_i - (a + bx_i) \right]^2 \tag{1-7}$$

式中 y' 是回归方程中的计算值；a、b 是模型参数。

对目标函数求极值可得到正规方程如下：

$$\left(\sum_{i=1}^{n} x_i \right) a + \left(\sum_{i=1}^{n} x_i^2 \right) b = \sum_{i=1}^{n} x_i y_i \tag{1-8}$$

设

$$\bar{x} = \frac{1}{n} \sum_{i=1}^{n} x_i \tag{1-9}$$

$$\bar{y} = \frac{1}{n} \sum_{i=1}^{n} y_i \tag{1-10}$$

由正规方程可解出模型参数为：

$$a = \bar{y} - b\bar{y} \tag{1-11}$$

$$b = \frac{\sum x_i y_i - n\overline{xy}}{\sum x_i^2 - n\bar{x}^2} \tag{1-12}$$

三、数据处理常用软件

（一）Excel 处理数据

1. Excel 简介

Excel 是一个功能强大的数据处理软件，可以完成实验数据表格制作、进行复杂运算、建立多样的图形等工作。对于化学工程与工艺的综合性实验，可用到的主要是其数据处理和科技绘图功能。

下面以 Excel 2013 为例，将软件中常见的功能进行说明，首先对工具栏中的各种常见选项进行说明。

2. Excel 2013 工具栏的功能展示及说明

图 1-2 是"开始"工具栏的下拉菜单：其中 ⊞ 是选择边框属性，利用此功能可以将特定的表框加上或者去除，在撰写科技文章中的三线表格时非常实用；⊟ 是合并居中的按钮，在其下拉选项中有合并居中、跨越合并、合并单元格、取消单元格合并四个选项，可以将多个单元格合并成较大的单元格并将内容居中，或者将相同行中的单元格合并成大的单元格。自动求和功能中包括的函数有求和、平均、最大、最小等，可对选定的单

元格中的数值进行相应的处理。

图 1-2　Excel 2013 "开始" 工具栏

图 1-3 是 "插入" 工具栏的下拉菜单：对于化工数据处理，使用最多的是图表区域，在插入图表区域 Excel 提供了丰富的图表类型，其中包括常见的二维、三维点线图以及柱状图等。选定所需作图的单元格，直接可以得到所需的图形。

图 1-3　Excel 2013 "插入" 工具栏

图 1-4 是 "页面布局" 工具栏的下拉菜单：在页面布局菜单中可以对需要打印的图表进行打印区域以及打印适用纸张大小、页边距等参数设定，以将打印出的图表显示美观。

图 1-4　Excel 2013 "页面布局" 工具栏

图 1-5 是 "公式" 工具栏的下拉菜单：其中最常用的还是函数的功能，各种函数计算用法和开始菜单中的 $\sum_{\text{自动求和}}$ 相似。

图 1-5　Excel 2013 "公式" 工具栏

图 1-6 是 "数据" 工具栏的下拉菜单：其中应用最多的是数据排序功能 ，利用此功能可将单元格中的数据按照升序 或者降序 进行排列。

图1-6　Excel 2013"数据"工具栏

3. Excel的实验数据填充方法

（1）重复数据和有序数据的输入

可以利用鼠标下拉的方式完成像图1-7所示的相同序号填充，也可以完成像图1-8所示的数据规律填充。在进行相同序号的输入时，只需将图中所示A2单元框输入需要的数值，将鼠标放在A2单元格右下角，当鼠标变成十字形状（+）时，按住鼠标向下拖到，即可得到填充内容一样的单元格。当进行数据的规律填充时，可以选中A2和A3两个单元格，利用同样的方法向下拉动鼠标，即可得到按照设定好规律排布的数据格。

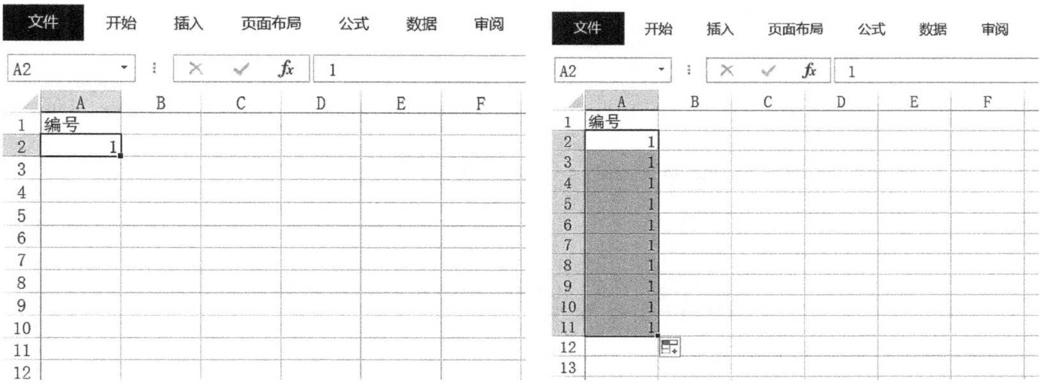

图1-7　相同序号填充

图1-8　数据规律填充

（2）百分比数据的输入

在单元格中输入百分比时需要选中要输的单元格，单击鼠标右键，选择"设置单元格格式"选项，在分类下选择"百分比选项"，并根据实际需要设置小数位，如图1-9和图1-10所示。

图1-9　百分比数据输入（1）

样品编号	含水量
1	98.50%
2	99.12%
3	96.79%
4	98.00%
5	99.00%
6	99.00%
7	98.78%
8	99.40%
9	99.70%
10	99.60%
11	99.75%
12	99.29%

图1-10　百分比数据输入（2）

（3）线性回归中斜率和截距系数的计算

在做实验数据分析时很多情况下会对数据做回归分析，用来预测未知实验点的数值。回归分析包括线性回归分析和非线性回归分析，其中最简单是一元线性回归分析。也就是函数$f(x)=a+bx$，回归的目的就是确定函数中的回归系数b（也就是线的斜率）以及截距a。

通过在公式编辑栏中输入公式"SLOPE（B2：G2，B3：G3）"，点击Enter，可以在特定的单元格里得到所选数据拟合方程的斜率值。在公式编辑栏中输入公式"=INTERCEPT（B2：G2，B3：G3）"，点击Enter，可以在特定的单元格里得到截距值，如图1-11所示。或者通过点击公式编辑栏中的fx，出现插入函数对话框，选择所需的函数关系，如图1-12所示。

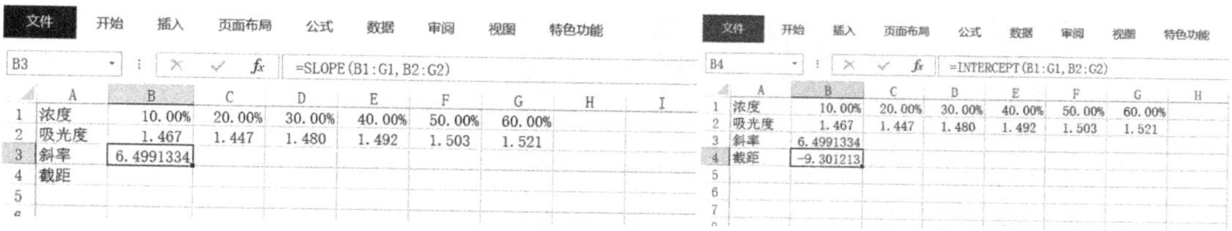

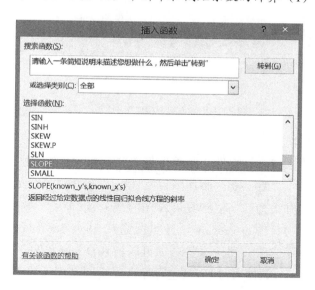

图1-11　线性回归中斜率和截距系数的计算（1）

图1-12　线性回归中斜率和截距系数的计算（2）

（二）Origin软件处理数据

1. Origin简介

Origin数据处理软件是一款专门用于数据分析和绘图的软件。由于其功能强大，在科学技术领域得到了很广泛的应用。由于在操作时一般采用图形化、面向对象的工具栏和窗口菜单，所以Origin数据处理软件操作起来简便而且容易学习，在一般的科研数据处理中应用突出。

2. Origin 的工作界面介绍

下面以 OriginPro 8 为例来说明，工作界面由菜单栏、工具栏、数据表格和图形区、项目管理器等构成。

菜单栏中包括 File（文件）、Edit（编辑菜单）、View（视图）、Plot（绘图）、Column（列菜单）、Analysis（分析菜单）等选项。

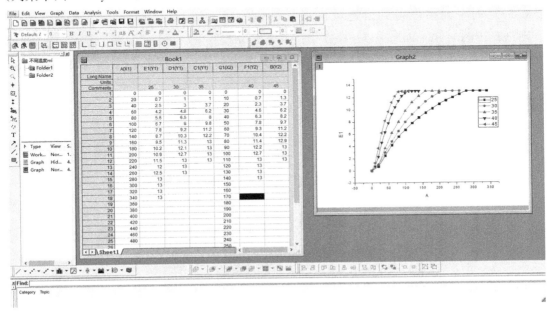

图 1-13　OriginPro 8 工作界面

3. 常用菜单的功能介绍

Origin 中最基础的是 File（文件）菜单，其中包括 New（新建）、Open（打开）、Open Excel（打开 Excel 文件）、Append（添加项目）、Close（关闭）、Save Project（保存方案）、Save Project As（保存方案为）、Save Window As（另存窗口为）、Save Template As（另存模板为）、Print（打印）、Print Preview（打印预览）、Page Set（页面设置）、Import（导入）、Export（导出）等选项。利用这些选项可以新建 Origin 文件，打开已经处理好的文件进行修改，可以将实验数据通过 Excel 进行导入。绘制完成后的图形可以通过 Export 命令进行导出，可导出 gif、jpg、tif 等需要的格式图形。

Plot 的菜单中有各种绘制图形的选项，如 Line（线条）、Symbol（其中包括散点、X 和 Y 的误差、气泡等）、Line+Symbol（线条加符号）、Column/Bar（柱形和条形）、Multi Curve（多条曲线）、3DXYY 和 3DXYZ（XYY 和 XYZ 的 3D 图）、3D Surface（3维曲面图）、Contuor（等高线图）、Area（面积图）等，可根据实际的需要选择合适的绘图类型，准确、直观地表示出实验结果。常用的绘图选项在数据表格的下方工具栏内有快捷键，可以方便快速地作图。

Analysis 菜单也经常用到，可以对实验数据进行各种分析。其中的第一个是 Mathematic（数学运算），其中包括有 Interpolate/ Extrapolate Y from X（X 内插/外推求 Y）、Trace Interpolate（迹线外推）、Interpolate/ Extrapolate（内插/外推）、3DInterpolate（三维内插）、Simple Math（简单数学运算）、Normalize（归一化）、Differetia（微分）、Integrate（积分）、Average Multiple Curve（多曲线平均）。第二个功能就是 Data Manipulation（数据处理）。第三个功能 Fitting（拟合）中包含的选项很多，其中有 Fit Linear（线性拟合）、Fit Polynomial（多项式拟合）、Multiple Linear Regress（多元线性回归）、Nonlinear Curve Fit（非线性拟合）、Nonlinear Surface Fit（非线性表面拟合）、Simulate Curve（模拟曲线）等，可根据实验数值的需要选择不同的拟合选项。第四个功能就是 Signal Processing（信号处理），其中包括常用的 Smoothing（平滑），是用来去除异常实验点的处理手段。FFT Filters（滤波），是使用快速傅里叶变换工具分析数据中的组成，除掉不需要的数据。

四、综合性实验报告与科技论文的撰写

综合性实验报告与基础实验报告要求不一样。对于一般验证性和注重操作的实验，学生可以按照实验报告的形式来写，但是对于一些创新性综合实验，一般要求学生要按照科技论文的形式撰写。

实验报告可以从以下几个方面来撰写：标题（实验名称）、作者的班级和名字、实验目的、实验原理、实验中所用到的装置和实验流程，实验的详细过程、实验数据记录和处理、实验的结果讨论等等。在撰写实验报告的时候要注意体现实验数据的原始性，还有实验过程、方法、现象的纪实性。另外，实验报告还应该注意具有一定的试验性，即使内容不是创新的或者结果不尽如人意报告中都应该如实体现，并分析原因。

科技论文的撰写要求以新技术、新理论、新设备等为对象，通过推理、论证等逻辑思维方法来表述，通过分析、测定等来验证所总结撰写的文章。其写作结构主要分为以下几个部分：论文题目、作者姓名、作者单位及隶属关系、论文摘要、关键词、引言、理论部分、实验部分、结果及讨论、参考文献、致谢等，有些在正文中不能讲清楚的内容还可以补充支撑材料。

第二节　专业综合实验技术及分析测试方法

一、化工专业实验技术及实验装置仪器

（一）材料制备技术

这里的材料制备技术主要是指催化剂制备技术，催化剂一般是无机的金属氧化物或非金属氧化物，所以其制备的方法和过程与一般无机材料的制备相似。在工业生产中催化剂起着非常重要的作用。对催化反应来说，催化剂的优劣往往是反应成功与否的关键，高效的催化剂也是工厂增产创收的关键。工业上的催化剂一般来说需要具备以下几个特征：高的反应活性和选择性、良好的热稳定性和抗毒性、足够长的使用寿命。

催化剂的制备一般分为载体的制备和助催化剂活性位的制备。

1. 催化剂载体制备方法

催化剂载体制备一般采用沉淀法和凝胶制备法。沉淀法是最简单的催化剂载体制备方法。利用沉淀剂将金属盐生成氢氧化物或者碳酸盐的沉淀，沉淀经过洗涤、煅烧等工序即得到催化剂的载体。沉淀剂一般选择不引入新杂质离子、容易挥发除去的氨水、氢氧化钠、碳酸铵等等。

在制备尺寸较小，或者具有孔洞的大比表面积的催化剂载体时一般采用凝胶法制备，如常见的催化剂载体活性氧化铝、分子筛等都是由这种方法制备。凝胶法实际上是沉淀法的一种，只是在沉淀的前驱体中加入脂类和金属醇盐使沉淀后的金属盐形成均匀的凝胶。在此过程中保持了胶体的孔洞结构并且隔绝晶粒的接触，避免了晶粒的长大，容易得到颗粒尺寸小且有特殊结构的催化剂载体。

2. 负载型催化剂制备方法

常见的负载型催化剂的制备方法一般就是浸渍还原法。此方法就是通过将载体浸入含有活性位的溶液中，活性物离子通过吸附负载到催化剂载体表面，将浸渍后的载体进行干燥、煅烧，在使用时需要将其进行活化处理。催化剂载体一般是分子筛、活性炭、硅胶、碳纤维等。一般来说载体需要化学性能稳定，不与浸渍液发生化学反应。为了提高催化剂的催化效率，得到的催化剂要求比表面积高，这也是选择浸渍载体时的一个依据。其次为了延长催化剂的使用寿命，需要在选择载体时考虑其机械性能，要求在反应过程中催化剂不能破碎且有良好的保温性能。浸渍液的选择也需要注意，在煅烧的过程

中为了使浸渍的活性金属中的杂质容易挥发且无有害物质，一般来说选择金属的有机酸盐、铵盐以及硝酸盐。

3. 催化剂成型技术

采用浸渍和其他方法得到的催化剂一般是粉末状，应用于工业的固定床反应器或者流化床反应器时需要将粉末催化剂进行成型处理。在固定床反应器中要求催化剂的形状一般是柱状或球形（3～10 mm）的，在流化床反应器中要求催化剂的形状一般是微球状的。

柱状催化剂一般采用挤出成型方法，图1-14就是实验用催化剂挤条机的图片，机器一般由刮刀、挤出模具、料斗等组成。一般来说催化剂粉末混合一定量的胶黏剂和润滑剂，在捏合机中捏合半个小时，再转入挤条机中进行挤条，再经过切粒整形、筛分、煅烧处理。表1-2列出了常用的胶黏剂和润滑剂。

表1-2　常用的胶黏剂和润滑剂

基本胶黏剂	薄膜胶黏剂	化学胶黏剂	液体润滑剂	固体润滑剂
沥青	水	$MgO+MgCl_2$	水	滑石粉
水泥	水玻璃	$Ca(OH)_2+CO_2$	润滑油	石墨
石蜡	皂土	水玻璃$+CaCl_2$	甘油	硬脂酸盐类
黏土	糊精	铝溶胶	聚丙烯酰胺	二硫化钼
树脂	糖蜜	硅溶胶	硅树脂	石蜡

图1-14　催化剂挤条机

其他催化剂成型方法还有制成形状为片状的压缩成型，也就是使用压片机，得到的催化剂产品大小形状均匀，而且表面光滑。另外，利用转动造粒法可得到颗粒大小均匀的微球状催化剂颗粒。

（二）分离技术

化工生产和实验中得到的产品一般是混合物，需要得到某一产品的单一成分时就需要用到化工的分离技术。在化工生产过程中产生的"三废"在排放之前也需要通过分离技术将有毒的成分回收。化工分离技术在化工生产的过程中扮演着至关重要的角色，而在分离技术的应用上精馏、吸收、萃取技术应用得最为广泛。

1.精馏实验技术

精馏是一般用来分离沸点不同的两种或多种液体组分的实验技术，通过精馏技术可将组分充分地分离。精馏广泛地应用于化学工业生产和石油工业生产中。精馏技术根据操作方式的不同可以分为连续操作和间歇操作，工业中一般采用的是连续操作。还可以根据加入的影响气液平衡的添加剂分为普通精馏和特殊精馏。还有些在精馏过程中发生反应的精馏，为反应精馏。在分离液化的气体时可将精馏体系增加压力，使用加压精馏来操作。但是当被分离体系中含有容易氧化的或者热敏性物质时可采用真空精馏的方式进行实验。在基础化工实验中只涉及了最简单、常见的二元组成间歇精馏过程，化工专业实验中将对各种复杂体系和操作下的精馏过程进行了解。

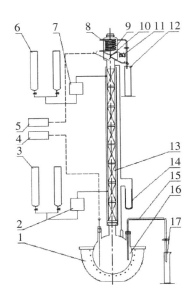

1.电热包；2.乙醇加料泵；3.乙醇计量管；4—5.测温仪表；6.醋酸及催化剂计量管；7.加料泵；8.冷却水；9.塔头；10.摆锤；11.电磁铁；12.收集量管；13.反应精馏塔体；14.压差计；15.出料管；16.反应精馏釜；17.收集量管

图1-15　反应精馏流程图

反应精馏就是将反应和精馏两个过程结合起来在同一个设备中进行的过程。其优点是可以将反应的产物和中间产物及时分离，在提高产品收率的同时还可以将热量综合利用，在化工生产中达到了节能的目的。反应精馏应用最广泛的就是酯类的生产，如乙酸乙酯的生产。在精馏塔的塔釜中加入1:1的乙酸和乙醇，由于醇酸酯化反应是可逆反应，所以当生成的低沸点酯时，通过控制合适的回流比，可在塔顶得到较纯的水–酯共沸物。此时精馏塔既是反应器也是分离器，采用反应精馏不仅节省了建厂时的设备投资，还充分利用了反应热来进行分离提纯，并且在可逆的酯化反应中还大大地提高了转化率，提高了生产效率。

　　加压精馏一般是在系统内通入压缩的空气或者氮气，使体系压力上升，可使低沸点的物质提高沸点，实现常压下是气体的物质的高效分离。由于提高了系统的分离压力，在下一级是常压精馏时就可以降低塔顶冷凝器的冷却水量，使多相混合物料直接进入常压塔进行分离。如图1-16所示，工业中甲醇四塔精馏流程中的第二个塔就是加压精馏塔。虽然加压条件下会导致多数物料的挥发度差异减小，但是对于一些特殊的体系如醋酸—水体系在高压下反而容易分离。

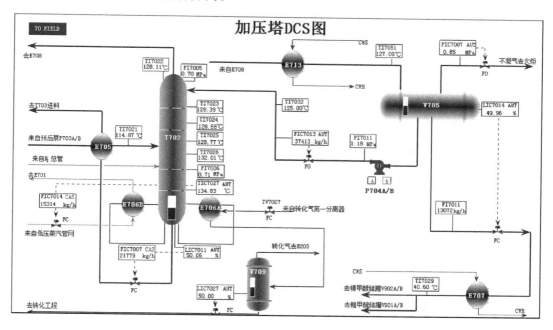

图1-16　甲醇四塔精馏加压塔流程图

　　真空精馏技术是在需要分离的物料容易氧化或者对热敏感时采用的一种特殊的精馏方式。通过在系统中加入真空泵抽真空来实现，在真空的条件下降低物料的沸点，使其在较低的温度下就可以实现分离。图1-17是实验室中的真空精馏塔的设备图。

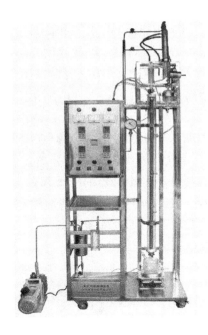

图 1-17　真空精馏设备图

2. 吸收实验技术

由于吸收过程的装置有板式塔和填料塔，其基本原理就是由重力作用导致下降的液体和由压差作用向上移动的气体在塔板或填料表面接触，根据溶解度等不同物相间发生了传质过程。

一般来说，板式塔的空速较高，塔板效率稳定，操作弹性大，工业生产能力高，造价也更低，在工业上应用比较广泛。图 1-18 是工业上应用最早的泡罩式塔板的操作图及结构图。

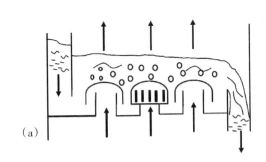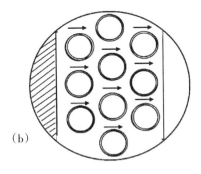

图 1-18　泡罩式塔板操作示意图（a）、泡罩塔板平面图（b）

图 1-19 是筛板塔的操作图和筛孔布置图，筛孔在塔板上做正三角排列，塔板上有溢流堰，使得液体在塔板上能保持一定的高度。筛板塔的优点是结构简单、造价低、板上液面落差小、气体压降低、气体分散均匀。

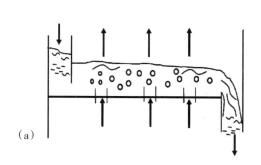
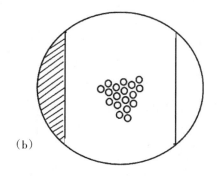

图 1-19　筛板塔的操作图（a）、筛孔布置图（b）

在结合了泡罩塔和筛板塔的优势后发展起来的是浮阀塔，图 1-20 是几种常见的浮阀形式。其基本原理是在塔板上开有若干个阀孔，在每个阀孔上罩有可以上下浮动的阀片，并通过阀片上连接的阀腿来限制阀片上升的高度，保证阀片不被气流吹走。通过定距片可使阀片在气流速度小的时候与塔板程点接触，而不会黏结在塔板上。

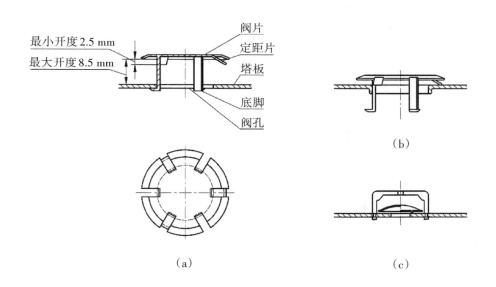

（a）F1 型浮阀（b）V-4 型浮阀（c）T 型浮阀

图 1-20　几种浮阀形式

3. 萃取实验技术

根据溶质在两相物中的不同溶解度而将所需要的物质分离出来的操作称为萃取操作。萃取时物质的交换一般发生在两相的界面上，所以为了加快建立分配平衡，在操作时必须尽可能增加两相间的接触面积。在实施手段上有振荡、搅拌、离心等措施。萃取剂的选择一般是选择与原溶剂微溶或者不溶，被萃取的物质在萃取剂中的溶解度要大于其他物质在萃取剂中的溶解度，与原溶剂密度相差较大且沸点适宜等。常见的比水轻的萃取剂有石油醚、乙醚、苯等；比水重的萃取剂有二氯甲烷、氯仿、四氯化碳等。

萃取操作需要注意的几点：

第一，对于有些在水中溶解度较大的溶质，可以通过加入硫酸铵或氯化钠等电解质使水相饱和来提高溶剂的萃取效率。

第二，在操作过程中可通过加入戊醇或者氯化钠饱和水相来消除萃取过程中出现的乳状液。

第三，对于由于密度差小难以分层的两相，可以在有机层中加入乙醚使其密度减小，或者在水层中加入氯化钠、硫酸铵以及氯化钙等使水层密度增大等措施促使两相分层。

随着实验技术的发展，现代化工生产中出现了一些新型的萃取技术，其中最具代表性的就是超临界流体萃取技术。超临界流体是指流体的温度和压力处于临界点附近的具有液体和气体性质的一种特殊的物质，它既具有液体的高密度和高溶解能力又具有气体的低黏度和良好的流动性，还有气液态之间的扩散系数等特征。由于其表面张力接近零，具有较高的扩散性能，所以可以和样品充分接触，极大地提高了其溶解能力。在萃取过程中可以通过多次气液循环达到连续地多次分配交换进而提高总的萃取效率。

图1-21是美国应用分离公司的CO_2超临界萃取系统流程图，其主要由流动相系统、分离系统以及收集系统三个部分组成。

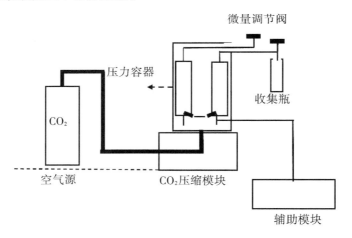

图1-21　CO_2超临界萃取系统流程图

表1-3列出了一些超临界流体的主要特征，在实验时可通过温度、压力以及密度来选择合适的流体进行提取。在这些超临界流体中CO_2具有成本低、无毒、腐蚀性小、不燃烧、化学性稳定等优点，作为超临界流体使用得最为广泛。

表1-3　一些超临界流体的主要特征

名称	超临界温度 /℃	超临界压力 /MPa	超临界密度 /g·cm^{-3}	密度 /g·cm^{-3}
正己烷	231.6	2.97	0.233	0.388
正戊烷	196.5	3.37	0.237	0.393
正丁烷	152.0	3.80	0.228	0.388
氟利昂-13	28.9	3.92	0.580	1.010
丙烷	96.7	4.25	0.217	0.375
六氟化硫	45.5	3.76	0.738	1.315
氙气	16.6	5.84	1.113	1.893
二氧化碳	31.1	7.39	0.466	0.803
氨	132.4	11.3	0.235	0.358

超临界萃取技术在食品工业中主要用于从天然食物中提出维生素 E、植物精油、天然香料、脂肪酸等；在环境监测分析中可通过此技术提取土壤中的有机磷、有机氯等对环境有害的物质；另外，在聚合物工业中，利用超临界萃取技术可以在聚合物中提取各种改性剂、添加剂等。

4. 旋风分离技术

旋风分离器主要用于分离空气中的微小粉尘颗粒，一般用在气固体系或者液固体系中。当气体进口气速是 10～25 m/s 时，产生的离心力可以将 5 μm 的颗粒和雾沫进行分离，在化工生产中应用非常广泛，其中厂房的通风除尘系统一般都是利用旋风分离系统。

其分离原理是利用高速气流在进入分离器后受到气壁的阻力进行圆周运动，在离心力、重力以及锥底负压的作用下气体中较粗的固体颗粒进行向下的螺旋运动，最终降落在下端的粉尘收集器中。气体则受到气壁的作用形成向上旋转的径向气流，一部分较细的微尘也随着向上运动，最终排出。图 1-22 是旋风分离器的原理图和实物图。其基本结构由圆锥形筒体、气流进入管、气体排出管、灰斗等部分构成。旋风分离器具有结构简单、操作方便且耐高温等优点，在很多领域都得到广泛应用，如矿山、净化、食品、制药生产等。

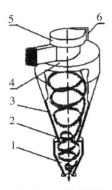

1.灰斗；2.漩涡罩；3.锥
体；4.螺旋转进口管；5.螺旋
状出口管；6.洁净空气出口

图 1-22　旋风分离器原理图和实物图

5.离心分离技术

在进行液体中固体的分离时，一般会选择常见的过滤，但是对于一些颗粒非常小的物质，过滤将会变得非常困难，如石墨烯在溶液中的分离，这时就会用到离心分离。离心分离是利用物体旋转运动时的离心力与重力的差值，加上不同物质的沉降速度不同来达到分离的目的。离心分离技术被广泛用于化工及生物分离过程中。

（三）提纯技术

1.结晶和重结晶

结晶和重结晶是从液体中分离溶解固体的一种实验技术，用于产品的提纯和杂质的去除。结晶是用于产品的初步分离，重结晶则是用于固体样品的提纯工序。

结晶是指在溶液溶质形成晶体的过程，其原理是利用不同的物质在同一种溶剂中的溶解度不同而进行的固体间的分离。其结晶方法一般有三种：蒸发结晶、冷却结晶和升温结晶。蒸发结晶是通过蒸发而汽化掉一部分溶剂，使得溶质达到饱和而结晶。一般用于溶质的溶解度随温度变化不大，而杂质的量较少在蒸发过程中不会达到饱和的体系中，分离氯化钠和碳酸钾等工艺就是利用蒸发结晶来进行的。冷却结晶一般用于溶质随温度降低溶解度大幅降低的体系，应用时一般采用加热蒸发浓缩后再降温的手段，使得温度变化大而使结晶顺利进行。利用此原理分离的有硝酸钾和硫酸镁等的分离。升温结晶适用于一些溶质其溶解度随着温度升高而降低的体系，如从饱和石灰水中析出氢氧化钙，后续需要进行趁热过滤。

除去以上三种结晶方法，若遇到难以分离的物质还可以通过加入与原溶剂互溶的第二溶剂降低溶质的溶解度来促成结晶，以及加入晶种来诱导结晶等措施来完成结晶过程。在操作结晶过程时还要注意过饱和度、温度、搅拌速度等操作条件对结晶晶体大小的影响，控制参数得到理想尺寸的晶体。

　　重结晶是指将结晶出来的晶体重新溶解在适当的溶剂中，再经过加热、蒸发、冷却等步骤重新得到晶体的过程。其原理是利用杂质和溶质在不同溶剂不同温度下的溶解度不同，将晶体用合适的溶剂进行再次结晶而得到高纯晶体。在此工艺中选择合适的溶剂至关重要，一般来说一种理想的溶剂需要符合以下条件：第一，不与被提纯的物质发生化学反应；第二，在较高温度时能溶解大量的被提纯物质，而在室温或者低温时只能溶解少量的提纯物质；第三，体系中杂质在溶剂中的溶解度极小或者极大，溶解度极小时需要将杂质在溶剂热过滤时被滤去，而溶解度极大时需要将杂质留在溶剂母液中不被析出；第三，溶剂的沸点低（一般选择在50 ℃～85 ℃）且容易挥发，与结晶物分离容易；第四，无毒或者毒性很小，廉价易得。表1-4中列出了重结晶中常用溶剂的沸点。

表1-4　重结晶中常用溶剂的沸点

溶剂	沸点/℃	溶剂	沸点/℃	溶剂	沸点/℃
甲醇	64.7	乙酸乙酯	77	苯	80.1
乙醇	78.3	二硫化碳	46.5	四氯化碳	76.8
乙醚	34.6	丙酮	58	氯仿	61.2

　　2. 离子交换技术

　　离子交换技术是对特定物质通过离子交换和吸附的作用，达到分离、置换、浓缩以及提纯等效果的。一般是采用具有功能团的不溶性高分子化合物也就是高分子树脂，其结构是由高分子骨架、离子交换基团和空穴三部分所组成。一般来说离子交换树脂可以按照以下几种方法分类：第一种，按物理结构分类的孔径为5 nm的凝胶型树脂和孔径为20～100 nm的大孔型树脂；第二种，按树脂所用原料单体分类的酚醛系列、苯乙烯系列、丙烯酸系列、乙烯吡啶系列和环氧系列等；第三种，按照树脂的离子交换功能团分，如弱酸性阳离子交换树脂、强酸性阳离子交换树脂、弱碱性阴离子交换树脂和强碱性阴离子交换树脂，这种分类是最常见的分类。还有一些特殊的离子交换树脂，如螯合树脂、氧化还原树脂、电子交换树脂等。

　　其分离过程是在离子交换容器内，装填一定高度的离子交换树脂，当含有某一金属离子的水溶液流过时，容器内的特殊树脂吸附其中金属离子的过程。以Y型沸石分子筛的离子交换为例，当水溶液中存在HCl时，发生的交换反应如下所示：

$$NaY + HCl \rightleftharpoons HY + NaCl \tag{1-13}$$

　　离子交换技术一般用于水中盐类的去除，水中的阳离子与阳树脂的H^+离子进行离子交换，而水中的阴离子与阴树脂的OH^-离子进行离子交换，从而达到脱盐的目的。除了脱盐水和软化水，离子交换技术还可以用于贵重金属的分离、维生素的提纯、饮料糖浆的脱色等等。图1-23是水处理设备中的离子交换柱。

图 1-23　水处理设备中的离子交换柱

　　由于离子交换反应的可逆性，离子交换树脂在应用失效后，可用酸、碱或其他再生剂进行再生，恢复其交换能力，从而使得离子交换树脂能够长期反复地使用，这一性质是离子交换技术最重要的。

　　3. 膜分离技术

　　膜分离技术指的是利用天然的或者人工合成的具有选择透过性的膜，在外界能量或者化学位差作为推动力对双组分或者多组分的溶质或者溶剂进行分离、分级、富集和提纯的技术。

　　可用来进行分离的膜可分为以下几个种类：高分子膜、液体膜和生物膜。其中高分子膜又可以分为带电的阳离子膜和阴离子膜以及不带电的膜（如过滤膜、超滤膜、纳米滤膜、反渗透膜等）。常见的高分子有机膜有纤维素脂类、聚酚类、聚酰胺类等。大概有一百多种高分子有机膜已经被合成制备出来，有四十多种已经被工业中应用，其中纤维素脂类膜的应用最广。

　　膜分离技术在工业中的发展很早，早在20世纪50年代初为了在海水中提取淡水，就开始了对反渗透膜的研究，在20世纪60年代已经实现了工业化。首先在工业中出现的分离膜是超过滤膜（简称 UF 膜）、微孔过滤膜（简称 MF 膜）和反渗透膜（简称 RO 膜）。在20世纪80年代研制成功了气体分离膜，使得功能膜的地位也进一步提高。

　　膜分离技术有其特有的优点：第一，由于膜分离过程不同于蒸馏、结晶以及蒸发过程，不涉及相变，所以分离过程能量损耗低；第二，分离一般在常温下进行，所以对于一些热敏性物质的分离很有优势，有效成分容易保持；第三，膜分离组件一般结构紧凑，操作方便且维修成本低，容易自动化。图1-24是膜分离的原理图和膜组件图。

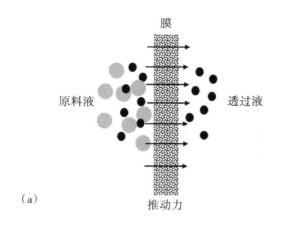

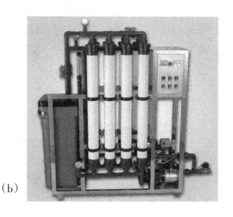

（a）原理图 （b）膜组件设备图

图1-24　膜分离技术原理图和膜组件设备图 （a）原理图 （b）膜组件设备图

4. 色谱技术

色谱技术用于分离提纯化合物一般称为层析分离法，是目前分离有机物或生化物质应用最广泛的一种手段。色谱法分离物质具有选择性好、分辨率高、分离设备简单易得、分离条件温和、操作方便等优势。

其基本原理是利用待分离物各组分的溶解度、吸附能力、立体化学特性、分子大小、带电情况、离子交换作用大小及特异的生物学反应的差异，使其在流动相与固定相之间的分配系数不同，随流动相在固定相中前进速度的不同而得到不同分布程度的色谱带而进行分离和检测的。与固定相相互作用力弱的组分，在移动时受到的阻力小，移动的速度相对较快；与固定相的相互作用力大的组分，在移动时受到的阻力大，移动的速度相对慢。在实验时通过分步收集流出液，就可以得到样品中的某一单一组分。

在一定的温度和压力下，当色谱分离过程达到平衡状态时，决定分离的主要参数分配系数可用下式来表示：

$$K = \frac{溶质在固定相中的浓度}{溶质在流动相中的浓度} = \frac{C_s}{C_m} \tag{1-14}$$

分配系数K是由组分和固定相的热力学性质决定的，它是某一个溶质的特征值，只与固定相和分离温度这两个参量有关，而与固定相和流动相的体积以及分离管柱的特性等无关。一般情况下，温度和分配系数成反比。

样品中各组分的K值的差异决定了色谱分离的效果，一般情况下，K值小的溶质，表示其在固定相中的浓度小，在洗脱过程中出现的时间较早；而K值大的表示其在固定相中的浓度大，在洗脱过程中出现的时间较晚。

在操作中可以对色谱技术进行分类：第一类，是利用滤纸作为载体，点样后用流动相展开使各组分分离；第二类，是将适当的基质在玻璃或是塑料等光滑表面上均匀涂铺成薄层，作为固定相，点样后利用流动相展开后进行色谱分离；第三类，是将固定相装载到色谱管中，在顶端加入样品和流动相，在柱中进行色谱分离。其中第三类分离方法应用最广，实验室中多采用玻璃的色谱柱。而在工业生产中一般采用内壁光滑的不锈钢色谱柱，为了便于观察，会在管壁上设置可视的玻璃段。图1-25是色谱柱分离示意图。

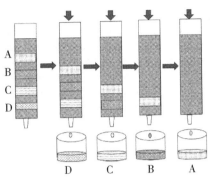

图1-25　色谱柱分离示意图

色谱柱中经常使用的吸附剂有活性炭、碳酸钙、氧化铝、硅胶和氧化镁等。其中活性炭吸附剂由于粒径太小而且吸附能力很强，一般只用于杂质含量较低的体系，用途不是太广。氧化铝吸附剂由于可以作为酸性吸附剂、碱性吸附剂和中性吸附剂来使用，所以是应用最广的一类吸附剂。有机酸的分离一般要用到pH为4~5的酸性氧化铝；醛、酮和脂类的化合物一般要用到pH为7.5的中性氧化铝吸附剂；生物碱、胺和碳氢化合物等碱性物质就用到pH为9~10的氧化铝吸附剂了。对于一些带有多种官能团的物质（如天然产物），由于其对弱酸和弱碱都很敏感，所以可以选用天然的纤维素或者淀粉来分离。

选择好适当的分离吸附剂后，下一步的洗淋剂的作用就是将被分离物质从吸附剂上洗脱下来。淋洗剂的极性和对被分离物质的溶解度大小对于分离效果非常重要。在具体操作时，通常是极性的物质需要用低活性的吸附剂和强极性的淋洗剂，而非极性的物质需要用高活性的吸附剂和非极性的淋洗剂来进行。极性小的溶剂可以选择正己烷、石油醚、四氯化碳、苯、氯仿等；极性强的溶剂有甲醇、乙醇、丙酮、乙酸乙酯等。使用时为了便于回收最好采用一种溶剂，若没有合适的溶剂可以使用两种或者两种以上的混合溶剂。混合溶剂的配比需要在薄层板上进行试验，从而找出最佳配比进行使用。

在实际操作时，由于可对被分离物质的成分大概估计，所以在选择吸附剂和洗淋剂时，可根据其各组分分子结构估计其吸附能力，选择合适的吸附剂、洗淋剂和所需的分离柱尺寸。

二、常见化工参量分析方法及仪器

（一）气相色谱法

前面介绍了采用色谱技术对混合物质进行分离的原理和操作。气相色谱检测法和液相色谱检测法也是利用色谱原理对混合物相进行分离并且检测的。其中气相色谱（gas chromatography，GC）是化工过程研究和开发中最常用的分析检测手段。

气相色谱法的原理是采用气体作为流动相，当流动相的气体（俗称载气）在固定相的色谱柱中流动时，在其中携带的混合物同时流过色谱柱，由于各组分在色谱柱中移动的速度不同，滞留的时间有差异，所以在色谱柱中进行了有效的分离。根据流出色谱柱的时间先后对混合物的组分根据其物理、化学性质分别检测，转变成电信号对时间作图，就可以得到色谱图。根据色谱图可对混合物中的组分进行定性和定量的分析，一般来说，根据色谱图中的出峰时间可以大概判断混合物的组分，而根据峰的面积或者高度可以得到某一组分在混合物中的含量。

图 1-26 是气相色谱的流出曲线图，其中 t_M 是进样时刻 O' 到空气出峰时刻 A' 的时段，代表的是与固定相无相互作用的组分流经色谱柱所需的时间。t_M 一般用来测定流动相的平均线速。图中的 $O'B'$ 段代表的是待测组分流经固定相所需要的时间 t_R。而 t_R-t_M 就是待测组分在固定相中滞留的时间，用 t_R' 来表示，称为调整保留值。

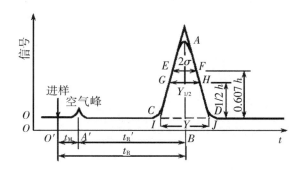

图 1-26　典型色谱流出图

在做定性分析时一般会用到相对保留值 $\gamma_{2,1}$，也就是组分 2 与组分 1 的调整保留值的比值，用下式表示：

$$\gamma_{2,1}=\frac{t_{R1}'}{t_{R2}'} \tag{1-15}$$

在柱温和固定相性质不变时，即使柱长、柱径以及流动相发生变化，$\gamma_{2,1}$ 仍然不变。在色谱条件一定时，通过对比已知物和未知物的保留值，确定待测物的种类。

在定量分析组分在混合物中的含量时，一般会用到图中的峰值高度。图中的 h 代表的是色谱峰顶点与基线之间的垂直距离。如需要知道第 i 组分在流动相中的浓度或者质量 m_i，只需要知道色谱峰的高度 h_i 或者面积 A_i 就可以。如下式所示：

$$m_i=f_i^A A_i \tag{1-16}$$

$$m_i=f_i^h h_i \tag{1-17}$$

其中，f_i^A 和 f_i^h 是绝对矫正因子，代表的是单位峰面积或单位峰高某组分的含量。

定量分析方法有归一化法、内标定量法、外标定量法等。

1.归一化法

归一化法就是当样品中各组分都能流出色谱柱，并在色谱图上显示出峰时，可用此法定量。设某一组分在混合物中的浓度为 C_i，可得

$$C_i = \frac{m_i}{m} \times 100\% \qquad (1-18)$$

根据公式（1-18）可得：

$$C_i = \frac{f_i' \cdot f_s \cdot A_i}{f_1' \cdot f_s \cdot A_1 + f_2' \cdot f_s \cdot A_2 + \cdots + f_n' \cdot f_s \cdot A_n} \times 100\% \qquad (1-19)$$

最终得到：

$$C_i = \frac{f_i' \cdot A_i}{\sum\limits_{i=1}^{n} f_i' \cdot A_i} \times 100\% \qquad (1-20)$$

若分析的是同系物，即待测样品中各组分的相对校正因子相近，也就是

$$f_1' \approx f_2' \approx \cdots \approx f_n' \qquad (1-21)$$

上式就可以简化为：

$$C_i = \frac{A_i}{\sum\limits_{i=1}^{n} A_i} \times 100\% \qquad (1-22)$$

此种方法计算简便，结果与进样量大小无关，操作的水平对结果的影响很小，是一般色谱常用的定量方法。

2.内标定量法

内标定量法是指当试样中所有组分不完全出峰，或者根据实验要求只需要测定试样中的某些组分时，可用的分析方法。其具体操作是在试样中加入一种待测混合物中不含的纯物质作为内标物。根据被标物和被测组分的面积来计算被测组分的含量。内标物加入的量应该接近被测物质的含量，同时还要求内标物的色谱峰位于被测组分色谱峰的附近。

假设加入待测物中的内标物的质量为 m_s，称取一定质量 m 的样品，这时 $\frac{m_s}{m}$ 是一个定值，根据公式（1-23）可得

$$\frac{m_i}{m_s} = \frac{A_i \cdot f_i}{A_s \cdot f_s} \qquad (1-23)$$

而

$$C_i = \frac{m_i}{m} \times 100\% \qquad (1-24)$$

所以

$$C_i = \frac{A_i \cdot f_i \cdot m_s}{A_s \cdot f_s \cdot m} \times 100\% \tag{1-25}$$

如果以内标物作为基准，则上式中的 $f_s = 1$，可以将公式简化为

$$C_i = \frac{m_s}{m} \times \frac{A_i \cdot f_i}{A_s} \times 100\% \tag{1-26}$$

在实际测量时可以先配置一系列的标准溶液，测量其相应的 $\frac{A_i}{A_s}$ 值，同时绘制 $\frac{A_i}{A_s} - \frac{m_i}{m_s}$ 曲线，可在无须测定 f_i 的情况下在标准曲线上求得 $\frac{m_i}{m_s}$，再根据式（1-26）求 C_i。

$$C_i = \frac{m_s}{m} \times \frac{m_i}{m_s} \times 100\% \tag{1-27}$$

3.外标定量法

外标定量法类似于吸光度比色分析中标准曲线的计算方法。具体做法是取待测混合物中待测组分的纯物质，配制成一系列不同浓度的标准样，分别量取一定的体积注入色谱仪，测量其色谱峰面积，作图得到其峰面积与浓度的标准曲线图。然后在相同的操作条件下，在色谱中注入相同体积的待测样品，将得到的色谱面积比对标准曲线，得到待测组分的浓度。

气相色谱常用的检测器有热导池检测器和氢火焰离子化检测器：

热导池检测器（TCD），其原理是当不同组分的气体通过热导池时，会引起热敏元件上的温度发生变化，从而导致元件电阻值发生变化，对原本平衡的电桥产生了电流。通过测量电流的大小，来确定混合物各组分的含量大小。其特点是对所有物质都能产生响应信号，稳定性较好，检测器结构简单，灵敏度适中，是应用最广泛、最成熟的检测器。

氢火焰离子化检测器（FID），是将有机物在火焰处发生离子化，利用正、负离子在外加电场的作用下产生微电流作为检测信号工作的。检测时只对碳氢化合物产生信号，而不能对永久性气体以及 H_2O、H_2S 等进行检测，属于选择性检测器。其特点是系统死体积小、灵敏度高（比TCD高100～1000倍）、系统稳定性好、响应快且线性范围宽，对于痕量有机物的分离检测效果良好。

在操作气相色谱仪时需要具体注意的问题如下：

（1）进样速度一般要快，若进样时间过长，会使色谱区域加宽而降低柱效率。因此，进样时间越短越好，一般应小于1秒钟。但是对于一些黏滞性较大的物质进样时需要将进样针先插入大概2/3处，等待升温使样品溶解后再推针。

（2）气路的检漏和清洗，一般情况下仪器在验收时已进行过气路检漏，但在使用中若发现某些异常，如灵敏度降低、保留时间延长、出现波动状的基线等情况时应重新进行气路检漏。另外，样品中所含的高沸点组分易附着在气路的管壁上而造成污染，需要经常清洗管路。

（3）停机操作时首先关闭氢气和空气气源，使氢火焰检测器灭火。在氢火焰熄灭后

再将柱箱的初始温度、检测器温度及进样器温度设置为室温（20～30℃），待温度降至设置温度后，关闭色谱仪电源，最后再关闭氮气气阀。

气相色谱法一般用于分析气体和各种易于挥发的有机物，原则上在气相色谱的温度范围可以挥发并且不分解的物质都可以用。但是对于一些热稳定性差，或难以汽化的物质，通过化学衍生化的方法，也可用气相色谱法分析。气相色谱法在石油化工、医药卫生、环境监测、生物化学、食品检测等领域都得到了广泛的应用，是化工过程研究和开发中常用的分析方法之一。

（二）高效液相色谱法

高效液相色谱法（high performance liquid chromatography，HPLC）是将液体作为流动相进行色谱分离的分离检测方法。与气相色谱相比，液相色谱分析时样品的挥发性和热稳定性要求不高，在现存的有机物中有70%～80%的物质都可以用液相色谱来分析。尤其是对于气相色谱不能分析的高沸点化合物、金属有机化合物、离子型化合物、不稳定的天然有机产物等液相色谱分析技术都可以胜任。

液相色谱根据固定相的不同可以分为以下四个种类：

1.液固色谱

液固色谱是所有色谱技术中最早使用的一种色谱，由于其色谱柱中填充的是固体吸附剂，利用不同组分在吸附剂表面的吸附能力差异进行组分分离，所以又将这种液固色谱称为吸附色谱。一般用的吸附剂有氧化铝、硅胶、活性炭等。采用的流动相为极性较弱的二氯甲烷、异辛烯等。适合于分析相对分子质量在5000以下的有机化合物和其他不溶于水的非极性或弱极性的有机物，尤其适用于一些同分异构化合物的分离。

2.分配色谱

这种色谱技术是通过化学反应将固定液键合在固定相的表面，使流动相不易流失，故又称为化学键合色谱。这种色谱是目前使用最广的一种液相色谱，固定相可用硅胶，利用硅胶表面的硅醇基与有机流动相分子键合形成固定液。而混合物的分离是利用固定相对各组分的溶解能力的差异，也就是各组分在流动相和固定相之间的分配系数的差异来实现分离的目的。分配色谱多用于分离各类极性化合物如染料、多巴胺、氨基酸等等。

3.离子交换色谱

这种色谱的填充柱中装载的是离子交换树脂。其基本原理是，在流动相流经离子交换树脂的时候，混合物中的阳离子与树脂上的H^+或者混合物中的阴离子与树脂上的OH^-发生了离子交换，混合物中的离子被固定相离子柱截留，随后又被流动相洗脱，根据其与树脂结合力的大小按照一定的顺序流出色谱柱被检测。这种色谱非常适合离子型化合物的分析检测，只要在水中能够电离的物质都可以分析，即使一些诸如氨基酸、核酸、蛋白质等生物大分子都可以利用离子交换色谱分析。常用的固定相树脂一般由二乙烯基苯与苯乙烯共聚而成，常用的流动相一般是水、甲醇、乙醇等配制的缓冲溶液。

4.凝胶渗透色谱

凝胶渗透色谱是将色谱的固定相用具有多孔性凝胶团作为填充。当高分子的混合物经过固定相时，分子尺寸大于凝胶孔径的高分子物被排除在固定相外，直接流出色谱柱，分子尺寸小于凝胶孔径的高分子物则全部进入到固定相的胶孔内，直到最后才流出色谱柱。只有中间尺寸范围的高分子物才能部分渗入凝胶，按照分子尺寸大小顺序流出色谱柱。所以凝胶渗透色谱是适用于分析相对分子质量在一定范围内的高分子化合物的检测手段，通常用于RNA、DNA、蛋白质、高分子聚合物等的分析。

常见的高效液相色谱其分离机理和应用领域如表1-5所示。

表1-5 高效液相色谱按分离机理分类

类　型	主要分离机理	主要分析对象或应用领域
吸附色谱	吸附能、氢键	异构体分离、族分离、制备
分配色谱	疏水作用	各种有机物化合物的分离、分析与制备
凝胶色谱	溶质分子大小	高分子化合物分离、相对分子质量及相对分子质量分布测定
离子交换色谱	库仑力	无机阴阳离子、环境与食品分析
离子排斥色谱	Donnan膜平衡	有机离子、弱电解质
离子对色谱	疏水作用	离子性物质
离子抑制色谱	疏水作用	有机弱酸弱碱
配位体交换色谱	配合作用	氨基酸、几何异构体
手性色谱	立体效应	手性异构体分离
亲和色谱	特异亲和力	蛋白、酶、抗体分离,生物和医药分析

高效液相色谱仪一般由高压输液系统、进样系统、分离系统和检测系统构成。其中高压输液系统主要是由高压泵组成，目前用的高压泵一般用输出流量恒定的恒流泵。色谱的进样器有注射式进样器和六通阀进样器，一般来说注射式进样器操作简单、柱外死体积小、柱效高，但是在高压时不适用。高压进样时一般选用高压六通阀进样，进样准确性高，可在线分析，容易自动化。液相色谱的色谱柱一般采用内径3～5 mm、长度10～50 cm的不锈钢管，管内的填充相一般是3～10 μm的细小颗粒，装填均匀的液相色谱柱其柱效率可达8万塔板。液相色谱的检测器分为两种：一种是选择型检测器，即只检测洗脱液中各组分的物理化学或者物理学性质。最常用的是紫外检测器，通过测量有机化合物的吸光度来确定化合物的浓度，灵敏度较高，检测限为3×10^{-9} g·mL^{-1}。另一种检测器是综合性检测器，这类检测器对整个洗脱液的物理化学或者物理学性质都有响应。如示差折光检测器就是根据不同溶液的折光率来得到组分含量变化的信息的。这种检测器对待测的样品无限制，检测限为5×10^{-10} g·mL^{-1}，但是对于测量系统的温度要求严格。

图1-27是高效液相色谱的流程示意图。

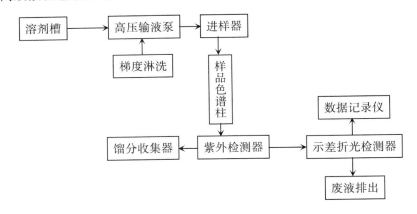

图1-27　高效液相色谱流程示意图

高效液相色谱中的检测器是用来检测经过色谱柱分离后流出物的成分以及变化的装置。一般是利用被测物的某些物理或者化学的性质与流动相的差异，当待测物从色谱柱流出时会导致流动相背景值的变化，检测器就是根据这些变化进行测试的元件，表1-6是几种应用最广泛的检测器的基本性能。

表1-6　是几种应用最广泛的检测器的基本特性

检测器性能	紫外吸收	示差折光率	荧　光	安　培
类　型	选择性	通用性	选择性	通用性
线性范围	2.4×10^4	10^4	10^3	10^4
最小检测量/ng	$0.1 \sim 1$	$10^2 \sim 10^3$	$10^{-3} \sim 10^{-2}$	$0.01 \sim 1$
能否用于梯度洗脱	能	不能	能	不能
对流速的敏感性	不敏感	不敏感	不敏感	敏感
对温度的敏感性	低	敏感	低	敏感

（三）气质联用仪

质谱（Mass Spectrometry，MS）技术通过电子轰击或其他的方式使有机或无机的物质质子化，以形成各种不同的质量-电荷比的离子，再利用电磁学的原理使其按照不同的质量-电荷比分离并测量其强度，进而确定被测物质的相对分子质量和结构。这种检测技术能检测有机物的结构、相对分子质量、元素组成以及官能团等信息，检测灵敏度高，要求检测时是单一纯的化合物。

在质谱分析中离子的产生依靠电离源提供的能量来实现，常见的电离源有电子电离源、化学电离源、场电离源、快速原子轰击源等，其中电子电离源和电喷雾源的应用最广泛。

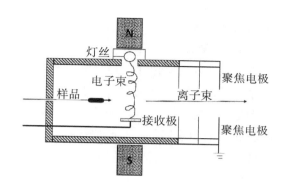

图1-28　电子电离源原理图

图1-28是电子电离源的原理图，当样品分子作为低压气体进入电离室时，受到由钨丝或者其他灯丝产生的阳极加速电子的轰击，分裂生成分子离子、碎片离子、重排离子或者加合离子。在灯丝与接收极之间的电压为70 V时，有机物分子可以被打掉一个电子形成分子离子（用$M.^{+}$或者M^{+}来表示），也可能发生化学键的断裂生成碎片离子，其形成过程如下式：

$$M.^{+} \rightarrow A^{+} + N. \tag{1-28}$$

或者
$$M.^{+} \rightarrow B.^{+} + N \tag{1-29}$$

A^{+}和$B.^{+}$为碎片离子；N和$N.$分别为中性分子和游离基。

由于聚焦电极带负电，所以生成的正离子加速向右移动，这时正离子所具有的动能为

$$E = E_{0} + zV = \frac{1}{2} mv^2 \tag{1-30}$$

式中：E_0是离子在加速前的电离过程中获得的动能；z是离子所带电荷量；V是加速电压；m是离子质量；v粒子线速度。设计良好的离子源，其正离子能量的分散程度很低，公式（1-30）就可以简化成下式

$$v = \sqrt{\frac{2V}{m/z}} \tag{1-31}$$

鉴于气相色谱仪和液相色谱仪高效的分离能力和定性分析能力的不足，将气相色谱或液相色谱与质谱仪进行联用而搭建成气质联用分离检测平台，就是气质联用仪（GC-MS）或者液质联用仪（LC-MS）。其基本原理就是将色谱仪作为分离段，作为质谱仪的"进样器"，混合物在色谱中充分分离得到纯的组分进入质谱仪，质谱仪分别检测每种组分给予详细的相对分子质量以及分子结构等信息。彼此扬长避短，在弥补了色谱分析中只依靠保留时间对复杂化合物未知组分难以鉴别的确定，又保证了质谱仪中纯组分的进样要求。依靠质谱的灵敏且强效、快速的鉴别能力将这一分析技术的优点充分体现，使得这种技术在环境科学、材料科学、有机化学、生物学等领域得到广

泛的应用。

（四）紫外-可见分子吸收光谱法

紫外-可见分子吸收光谱法是利用波长范围在190～750nm的分子吸收光谱对化合物进行定性分析和定量分析的。大部分无机化合物和有机化合物在紫外-可见区域都会产生特征的吸收光谱，所以这种检测方法被广泛地应用于教学以及化工开发过程中。

紫外-可见分光分子吸收光谱的定性分析依据是每种物种都有其特殊的特征吸收光谱。对于有机物，利用吸收光谱的曲线形状、吸收峰数目、最大吸收波长的位置（$\lambda_{最大}$）以及吸光度（ε）大小就可以对该有机物的结构骨架进行鉴别，其中最重要的参数是$\lambda_{最大}$和ε。通过对照文献或者手册可以对待测化合物进行判断，常用的标准图谱手册有萨特勒标准图谱和富瑞德尔图谱。

定量分析的基础是朗伯-比尔定律，表达了吸光度与物质浓度之间的关系。当单色光通过含有吸光物质的溶液时，在一定浓度范围内，入射的光被吸收的程度与溶液的厚度和浓度成正比，用下式表示：

$$A = \lg \frac{I_0}{I} = \lg \frac{1}{T} = \varepsilon l c \tag{1-32}$$

式中A表示的是吸光度或者光密度；I_0和I分别表示入射光强度和透射光强度；T为透射比，即透色光强度与入射光强度之比；ε是摩尔吸收系数，单位为$L \cdot cm^{-1} \cdot mol^{-1}$；$c$为溶液的摩尔浓度，单位为$mol \cdot L^{-1}$；$l$是待测溶液的厚度，单位为$cm$。

若公式中的l一定，则吸光度A与浓度c呈线性关系。在定量测量时可以通过绘制标准曲线方法通过吸光度计算待测溶液的浓度。

在实际测量时需要注意由于仪器和分析方法的局限引起的误差，并对误差做合理的分析和处理，操作时需要注意以下几个方面：

1. 定律的适用性

由于朗伯-比尔定律只适用于稀溶液，所以在测量浓度比较大的溶液的吸光度时，由于分子间的相互作用导致的分子电荷分布变化，会引起吸光度的变化。此时得到的吸光度会偏离公式，需要将待测样品的浓度降低，并选择合适的浓度范围进行测量。

2. 溶液的化学、物理性质引起的误差

由于溶液的化学、物理性质导致的不能适用于朗伯-比尔定律的还有如：待分析的物质与溶剂发生反应、解离以及缔合时；待分析的物质在不同的浓度下会生成不同的配合物时；由溶液介质不均匀（悬浮液、乳浊液、胶体溶液）导致的入射光发生散射时；由于吸光物质自身对条件变化敏感形成不稳定的变化时等。

3. 仪器引起的误差

由于仪器分离光波时产生的非单一波引起的某些对波长变化敏感的物质而导致的定律不适合。在具体选择待测物时需要考虑其对波长变化的耐受度，尽量选择其吸光度随波长变化不明显的波段。

4.显色剂的选择

在选择显色剂时尽量选择只与被测组分发生反应的显色剂。显色生成的有色物质必须具有强的稳定性，在检测时间内不能发生缩合、分离等现象。为保证测试的高效进行，显色剂的摩尔吸收系数 ε 不能太低，一般选择 1×10^4 以上的显色剂。在选择时有机显色剂的显色性和稳定性都优于无机显色剂，应该优先考虑。

在具体操作时需要采用绘制吸光度与显色剂浓度关系图和吸光度与时间关系图来确定显色剂的用量和显色时间。

5.波长的选择

检测的波长一般通过实际测试待测物的吸收曲线来确定的。通常选用曲线最大的吸收峰所对应的波长作为检测时的波长。当有干扰物存在时，应该选择干扰物与待测物吸光度差别较大且干扰小的波长。

6.标准曲线的绘制

标准曲线是利用分光光度法进行定量分析所必要的步骤。配置时在一定的浓度范围内，使用标准试剂配制已知浓度的一系列的标准溶液，绘制吸光度和浓度的曲线。待测物完成测试后，只需要将吸光度在标准曲线上做对比即可确定其浓度。

（五）红外光谱仪

红外光谱仪是利用分子中化学键中的官能团原子的振动与红外光发生共振，从而将红外波中特定波长的光谱吸收。吸收了红外波的分子会由原来的基态振动或者转动能级跃迁到较高能量的振动或者转动能级，相应红外波就会被吸收。在连续波长的红外光谱中就会出现一系列的吸收光谱。发生共振的条件必须是入射电磁波的能量刚好与待测分子的两能级差相等，决定了吸收峰出现的位置。

在物质分子尤其是有机物分子中，组成化学键的原子总是处于不断振动的状态。分子的振动状态一般分为原子沿键轴方向往复运动的伸缩振动，在振动过程中分子的键长发生变化；还有一类振动是弯曲振动，是指原子在垂直于化学键的方向发生振动。对于简单的双分子来说一般只有一种伸缩振动，但是对于复杂的分子则可能会出现多种振动。利用这种特有的分子振动，可以将某种化学组和特征频率的红外吸收谱联系起来。比如有机化合物中的 CH_2 组可以有"对称伸缩""非对称伸缩""上下摇摆""左右摇摆""剪刀式摆动"和"扭摆"六种振动方式。当有红外光照射有机物分子时，通过不同化学键团或者官能团发生不同的振动吸收，根据吸收频率的变化，可在红外光谱中获得分子中含有的化学键以及官能团的信息。

1.分析机理

绝大多数分子都是由多原子构成的，其振动方式都很复杂，但是可将这样复杂的多原子分子简单地看作是双原子体系来处理，下面就是双原子分子的红外吸收频率。

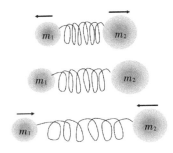

图1-29　双原子分子振动

分子的弹性振动可以用图1-29来表示，m_1和m_2分别表示分子中的两个原子，两个原子之间用弹簧连接，弹簧的长度就是分子中化学键的长度。当红外辐能（相当于外力）作用于这个弹性体系时，原子就会做以平衡点为中心的弹性振动，这时可以采用经典力学的方法得到原子的振动频率：

$$v = \frac{1}{2\pi} \sqrt{\frac{k}{\mu}} \tag{1-33}$$

或者

$$\tilde{v} = \frac{1}{2\pi c} \sqrt{\frac{k}{\mu}} \tag{1-34}$$

式中，v是原子振动频率（Hz）；$\tilde{v}$是波数（cm^{-1}）；k是化学键力常数（g/s^2）；c是光速（3×10^{10} cm/s）；μ是原子折合质量。

$$\mu = \frac{m_1 m_2}{m_1 + m_2} \tag{1-35}$$

单键的k值大约是$4\times10^5\sim6\times10^5$ g/s^2；双键的k值大约是$8\times10^5\sim12\times10^5$ g/s^2；叁键的k值大约是$12\times10^5\sim20\times10^5$ g/s^2。

2.分析仪器

红外波谱仪可根据分光装置的不同分为色散型和干涉型两种，图1-30是红外波谱仪实物图和原理图。

色散型双光路光学零位平衡红外波谱仪的分析原理是：样品吸收一定频率的红外辐射光，待测样品中分子的振动能级发生跃迁，透过光束中相应频率的光就会被减弱，这时会造成样品光路与参比光路的强度差，经过计算分析，得到待测样品的红外波谱图。色散型光谱仪分辨能力较低、光能量输出小、光谱范围较窄、测量时间相对较长。

干涉型红外波谱仪又称为傅里叶红外光谱仪。不同于色散型红外分光原理，傅里叶光谱仪是基于迈克尔逊干涉仪使入射光分成两束具有光程差的光发生干涉，再将干涉后的光波入射到待测样品，将得到的干涉图函数进行傅里叶变换，最终计算出透过率或吸光度随波数或波长变化的红外吸收光谱图。

相对于色散型光谱仪，傅里叶光谱仪除了红外光源、光阑、样品室等部件，还有重要的部件是干涉仪，主要由分束器、动镜、定镜组成。光源发出的光被分束器分为两束，一束反射到定镜，经定镜反射到分束器。另一束在分束器中透过到达动镜，在动镜做直线运动时与第一束光形成光程差，进而产生干涉。由于在傅里叶变换红外光谱仪中没有棱镜分光器或者光栅，所以在检测的过程中降低了光的损耗，干涉的作用可将光的信号进一步加强，使得检测器中得到的辐射信号强度增加，得到的检测信号的信噪比高。在扫描速度上由于傅里叶光谱仪是在全波段进行数据采集的，所以得到数据采集的时间很快，大概只需要数秒就可以得到一次完整的数据采集。另外，由于傅里叶红外光谱仪采用的是傅里叶变换对光源进行的信号处理，避免了电机驱动光栅分光时带来的误差，所以数据的重现性比较好。

傅里叶光谱仪在应用上比色散型红外仪更加广泛，不仅可以测量各种气体、固体以及液体的反射光谱和吸收光谱，还可以用于分析时间较短的化学反应等；不仅可以定性分析还可以定量检测，被广泛地应用于化工、地矿、石油、环保、海关等领域。

红外光谱在研究分子的立体结构和确定未知化合物化学结构方面具有独特的优势。通过红外光谱的方法可以测定分子的键长和键角，并通过特定的吸收波数确定化合物中特有的官能团如甲基、羟基、氨基等，最终可以判断未知样品中的官能团。分子内和分子间的作用力是通过官能团特征频率的细微变化就是位移确定的。在分析具体分子时由于各种分子在低波数区的振动方式各不相同，使得到的红外光谱的特征性是唯一的，只需要将得到的图谱与标准图谱库中的图谱进行对比就可以得到标准的分子结构。

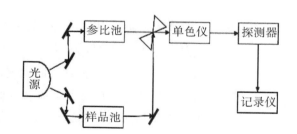

图 1-30　红外波谱仪实物图和原理图

分析红外波谱的时候需要注意的方面：

（1）红外波谱的位置以及位移影响因素

在红外光谱的实际操作时由于振动分子自身的变化以及基团在分子中所处的环境影响会导致实际的光谱发生位移偏离理论值。振动分子自身的变化是指有些振动分子是红外非活性的，所以对于红外波段的响应没有偶极矩变化。还有一些分子的振动频率超出了仪器检测的范围。这些变化都会使实际得到的红外谱图中的吸收峰数目低于理论数。在不同的化合物中，同一种官能团出现的具体波数值，也就是在考虑了频率位移后的官能团具体出现的波数，往往是由其基团分子所处的环境决定的。而影响这种环境的因素有外部因素和内部因素，其中外部因素主要有基团所在的分子所处的化学环境以及物理状态，比如溶剂和温度等。内部因素有分子中取代基的电效应如中介效应、共轭效应、诱导效应以及偶极场效应等。另外还有由质量效应、键角效应、耦合效应等引起的机械效应。配位效应和氢键效应也会引起基团频率位移，如果发生在分子内就属于内部因素，发生在分子间就属于外部因素。在分析某一基团时应该综合考虑各种效应，而不是单独考虑一种效应。

（2）谱带强度

红外谱图的强度值表征的是分子振动跃迁的概率，分子振动时偶极矩的变化与跃迁概率成正比，所以谱带强度越大代表分子振动时的偶极矩变化越大。而偶极矩的变化与分子本身的偶极矩有关。一般来说，分子极性强的，振动时偶极矩的变化大，得到的光谱强度高；分子对称性强极性小的，振动时偶极矩变化小，得到的吸收谱带的强度弱。

（六）核磁共振分析仪

核磁共振分析仪也是属于波谱分析，不同于紫外–可见波谱仪（波长范围在$200\sim780\,nm$）和红外波谱仪（波长范围在$780\,nm\sim1000\,\mu m$）的波谱范围，核磁共振的波谱一般在$1\sim100\,m$的无线电波区域。由于此段波谱的电子能量低，所以在检测时只能引起自旋原子核发生能量跃迁，而不能使电子发生跃迁。

核磁共振的基本原理是利用特定原子（如^1H和^{13}C）的原子核自旋磁矩在外磁场的作用下吸收一定频率的电磁波照射，当照射的电磁波能量正好等于原子核自旋磁矩不同取向的能量差时，发生低能态的自旋原子吸收能量跃迁到高能量的状态，也就是发生了共振现象。要想使照射电磁波能量等于原子核自旋能量差，在实际操作中一般采用固定辐射波的辐射频率，改变磁场强度，从较低场强到高场连续扫描的方法来使其匹配。

^1H的核磁共振称为质磁共振，是目前研究最多的核磁共振。在外磁场的作用下^1H原子倾向于顺向外磁场的排列，产生数目微多于逆向外场排布的低能态核数。核磁共振的信号就是利用将这些微多的低能态的原子核转变成高能态核而产生的。当高能态原子核与低能态原子核的数目相等时，核磁信号将会消失，体系达到饱和。另外，^1H原子核还可以通过非辐射的弛豫的方式转变为低能态，如处于高能态的核通过交替磁场将能量传递给周围的分子，自身则回到低能态的自旋晶格弛豫。这种转变一般不会出现饱和现象。

1. 发生核磁共振的条件

在静磁场B_0中放入待测样品，在此磁场中施加频率是ν的电磁辐射B_1，当辐射能量$h\nu$刚好等于待测样品中需要分析的指定核素的相邻磁能级的能量间隔ΔE，此时核体系就会吸收电磁辐射，产生能级跃迁，这就是核磁共振现象。只有在相邻的能级间的跃迁才是可以发生的，也就是核的自旋磁量子数必须满足$\Delta M_1=\pm1$，所以每一种核素的共振数值是唯一的，其共振必须满足的条件是：

$$h\nu = \Delta E = \left| E_{M_{I\pm 1}} - E_{M_I} \right| = \frac{\Delta M_I \gamma h}{2\pi} B_0 = \frac{\gamma h}{2\pi} B_0 \tag{1-36}$$

也就是

$$\nu = \frac{\gamma B_0}{2\pi}, \quad \omega = \gamma B_0 \tag{1-37}$$

式中，ν 是共振频率（MHz）；ω 是圆频率（rad·s^{-1}）；ΔE 是能级差（J）；ΔM_I 是核的自旋磁量子数之差；B_0 是静磁感应强度（T）；γ 是核的磁旋比（rad·T^{-1}·s^{-1}）；h 是普朗克常数（J·s）。

从公式中可以发现，核磁共振频率与外加静磁感应强度 B_0 成正比，在外加磁场不变的条件下，核素的共振频率随 γ 的变化而变化。

2. 核磁共振仪

核磁共振谱与红外光谱、紫外光谱以及质谱一起被称为"四大名谱"，对于有机分子结构测定来说，核磁共振谱扮演了非常重要的角色。在氢的核磁共振谱中一般提供三种重要的信息：耦合常数、积分曲线、化学位移，这些信息可以用来推测待测样品质子在碳链上的位置。

常见的连续波核磁共振仪主要由磁铁、射频发生器、检测放大器、数据记录仪等部件组成，如图 1-31 所示。磁铁上一般会安装扫描线圈，使得磁铁产生的磁场均匀而且可以在小范围内连续精确地变化。射频发生器的作用是用来产生具有固定频率的电磁辐射波。而检测放大器则是用来检测和放大共振信号以便于检测。数据记录仪是将得到的数据信号绘制成图谱以便分析。

仪器中的磁场是由磁铁产生，根据磁铁磁性和频率核磁共振仪分为三类：第一种，磁场频率为 60 MHz 的由磁场强度是 14000 G 的永久磁铁产生的；第二种，磁场频率为 100 MHz 的由磁场强度是 23500 G 的电磁铁产生的；第三种，磁场频率为 200 MHz 甚至 500～600 MHz 的由超导磁铁产生的。核磁共振仪的磁场频率越大对样品的分辨能力越好，灵敏度高且图谱简单易于分析。

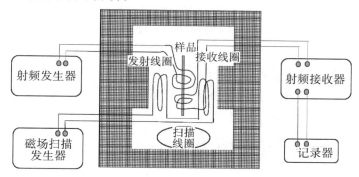

图 1-31 核磁共振波谱仪结构图

（七）比表面积与孔径测定仪

在化工实验和开发的过程中，常见的分离吸附剂、固体催化剂以及化学电极等材料一般都是由多孔的结构构成的。多孔材料一般都具有很大的比表面积，这些比表面积和孔径对于材料的物理、化学吸附效率和催化反应过程中的反应速率等参数影响巨大，所以测定这些固体材料的比表面积和孔径分布等参数对化工实验和开发具有重要的意义。

1. 比表面积的测量原理及方法

比表面积就是单位质量下待测样品的总的表面积，对于多孔性材料，孔内的面积占了很大的比重。比表面积的测量方法有很多，如溴化十六烷基三甲基胺吸附法、着色强度法、电子显微镜测定法以及氮吸附测定法。其中低温氮吸附测定法被认为是最可靠且有效的方法。国际上将其列为测量比表面积的测试标准，我国也将其列为国家标准（GB10517）。

氮吸附法测材料比表面积的吸附等温方程（BET）如下式所示：

$$\frac{P}{V(P_0 - P)} = \frac{1}{V_m c} + \frac{(c-1)P}{V_m c P_0} \tag{1-38}$$

式中，P 为吸附达到平衡时吸附气体的压力；P_0 是该吸附气体的饱和蒸汽压；c 是吸附常数。

在 N_2 的相对压力为 0.05～0.35 之间，计算单分子层的饱和吸附量 V_m。

样品的比表面积面积 S_w 可用下式计算：

$$S_w = \frac{V_m N \sigma}{M_v W} \tag{1-39}$$

式中，V_m 是单分子层的饱和吸附量；W 是待测样品的质量；σ 是吸附气体分子的横截面积；M_v 是气体摩尔质量；N 为 Avogadro 常数。

在具体操作时，一般选择氦气作为载气，将氮气和氦气以一定比例 $[V(N_2):V(He)=1:4]$ 混合，达到一定的压力时，混合通入样品管中。将其浸入液氮（-196 ℃）保温，这时混合气中的 N_2 气被吸附在样品的表面。吸附直到达到饱和时，可以检测出其吸附峰。将样品管从液氮中取出后，样品升温到室温的过程中，吸附的氮气就会解析出来，这时就可以检测到解析峰。对时间作图就可以得到解析曲线，将解析曲线积分可得到面积，通过与已知样品的对比进行函数换算，就可以得到待测样品的比表面积。

2. 孔径分布的测量原理

孔径的测量方法也有很多，如气泡法、气体渗透法、悬浮液过滤法、压汞法等，与比表面积仪集成在一起应用的是气体吸附法。

气体吸附法的应用原理是 Kelvin 方程：

$$r_k = -\frac{2rV_m \cos\theta}{RT \ln(P/P_0)} \tag{1-40}$$

式中，r_k 是 Kelvin 半径；r 是表面张力；V_m 是凝聚液体的摩尔体积；θ 是接触角；R 是气体常数；T 是热力学温度；P 是气体分压；P_0 是饱和蒸汽压。

此公式适用于孔径是 30 nm 以下的多孔材料。推导的基础是将孔简化成圆柱孔，也就是圆柱孔等效模型。由于脱附曲线更接近于热力学稳定状态，所以在计算孔径分布时可用氮气的等温解析来测算所测样品的孔隙尺寸分布。

（八）X射线分析仪

X射线分析仪分为单晶分析仪和多晶分析仪（又称粉末分析仪）。

单晶X射线分析仪主要是针对单个晶体中的原子或原子团的排布进行分析，通过解析原子在晶体中的排布规律，给出晶体的具体结构，进而推测出晶体的可能的性能特点。单晶X射线广泛用于有机分子、生物大分子等结构的测定，用于分析分子的具体结构性能，制定合适的合成路线。

X射线多晶分析仪是用于多晶粉末的结构分析的。在化工实验和开发过程中，催化剂一般都是由多晶的无机材料组成，其结构的分析就会大量用到此技术。粉末X射线衍射仪已经成为固态物质分析和鉴定工作必不可少的分析仪器，可用于材料的物相鉴定和定量分析、结晶度分析、晶体结构分析、结构参数（如相界、分子筛硅铝比、宏观应力、热膨胀系数等）的测定、晶粒尺寸、织构分析、薄膜分析、小角散射等的分析测试。

X射线衍射的基本原理是布拉格方程，如下式所示：

$$2d \cdot \sin\theta = n\lambda \tag{1-41}$$

式中，d 为晶面间距；θ 为入射线与晶面夹角；λ 为入射线波长；n 为晶面层数。

如图 1-32 所示，当一束 X 射线以入射角为 θ 入射在具有三维长程有序的晶体上时，晶体中的每个原子对 X 射线都发生散射。各个原子的散射 X 射线发生相互干涉，当其相位相同时会产生衍射，在此方向上就会产生衍射线。不同的晶面其晶面间距不同，故其衍射角也不相同，产生的衍射强度不同。根据不同晶体原子不同的排布，产生各不相同的衍射图谱来判断晶体的点阵排布。

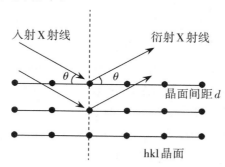

图 1-32　X射线晶格衍射图

一般来说，得到的衍射线的位置和方向就可以得到晶体的结构、待测样品的物相组成，位置的细微变化可以得到结构和组分的细微变化或者宏观应力等信息。衍射线的强度和相对强度的变化可以得到成分的含量、晶体的完整性、结晶度以及晶粒的取向和分布等信息。

图 1-33 是 X 射线衍射仪的结构组成图，主要由 X 射线发生器、样品及测角仪、检测

记录系统和计算机系统四部分构成。其中X射线发生器是提供测量所需的X射线，通过改变阳极靶材料可以改变其波长，通过调节阳极电压可以控制产生的X射线的强度。样品及测角仪系统是样品的位置取向调整系统，可通过测角仪的转动收集不同方向的X衍射线。检测记录系统则根据X射线的方向检测并记录，通过角度和强度得到多晶衍射图谱数据。计算机系统是将得到的谱图数据通过专用的处理分析软件进行分析鉴定。

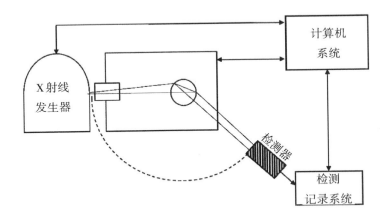

图1-33　X射线衍射仪的结构组成图

（九）电子显微镜

电子显微镜是用来观察材料微观形貌的仪器，在化工过程开发中，催化剂的表面形貌可以利用电子显微镜进行非常详细的观察和研究。通过电子显微镜自带的能量分析仪，还可以对催化剂表面的化学成分进行半定量分析。电子显微镜可分为透射电子显微镜和扫描电子显微镜两种。

透射电子显微镜是将经过加速和聚集的电子束透射到薄的样品上，电子束中的电子碰撞原子而改变运动方向，产生散射。发生散射的电子其散射角的大小与样品的厚度和密度有关，故形成明暗各异的影像。由于电子的波长很短，所以电子显微镜的分辨率要比光学显微镜的高。在理论上电子显微镜的分辨率可达到0.1～0.2 nm，放大倍数可达到几万～几百万倍。在选用了光栅后，还可以将电子束进行衍射分析，成像在物镜的后焦面上，得到待测样品的电子衍射图像，通过电子衍射图像可对待测样品的内部结构进行分析。图1-34分别是三级透射电子显微镜的放大率像（a）和衍射像（b）的光路成像原理图。

扫描电子显微镜是利用二次电子信号的成像来对样品进行表面观察的。在操作时使用极狭窄的电子束扫描样品，通过样品和电子束的相互作用产生样品的二次电子，而二次电子可以产生样品表面放大后的图像，通过收集二次电子成像就可以得到样品的表面信息图像。相对于透射电镜，扫描电镜的成像优点有：第一，扫描电镜有很高的放大倍数，而且可以在20～20万倍之间连续调节；第二，扫描电镜的成像图像景深大、视野大、成像立体感强，可以直接在凹凸不平的样品表面进行观察；第三，样品制备简单。

图1-35是扫描电镜工作原理示意图。

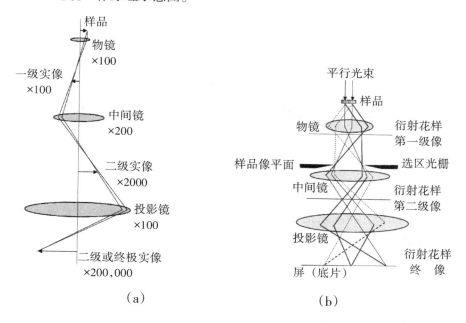

（a）　　　　　　　　　　　（b）

图1-34　三级透射电镜（a）高放大率成像　（b）选区衍射成像

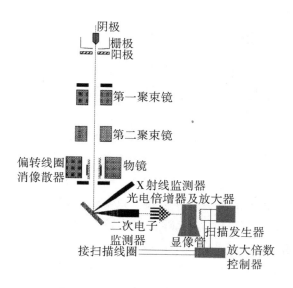

图1-35　扫描电镜工作原理图

　　此外，还有利用微型力探针元件与微观表面原子的作用成像的原子力显微镜。原子力显微镜是一种可用来研究包括绝缘体在内的固体材料的表面结构的仪器。在元件中的针尖接近样品时，对微弱力极端敏感的微悬臂在原子力的作用下会发生形变或者运动状态发生变化。收集这些变化信息，就可以得到作用力的分布信息，从而可以获得待测样品表面形貌的信息。

第三节　实验室安全、环保知识

实验室安全和环保技术在进行科学实验尤其是化学实验时有着非常重要的意义。在实验的前期、中期、后期我们不但需要熟悉和掌握实验室的安全相关的知识，还需要将此部分知识传递给学生，使得化学实验在一个安全且对环境无危害的状态下进行。

由于化学实验自身的特点，在实验的过程中会接触到很多易燃、易爆、有毒以及一些具有腐蚀性的化学试剂，使得化学实验在进行时其安全、环保的要求尤其高。化学工程与工艺专业的专业实验在此基础上还涉及一些大型仪器的操作。仪器的操作规范程度直接关系到实验的安全，所以在保证仪器正常使用的基础上对学生进行详尽细致的安全教育就显得更为重要。

一、实验室安全知识

在化学化工实验室中一般有很多具有毒性和危险性的物质。从气、液、固三种相态来分主要可以归纳成以下几个。

（一）可燃、易爆、有毒气体

在遇到火、受热以及与一定的氧化剂接触时引起燃烧甚至爆炸的气体称为可燃气体，这类气体包括氢气、烷类气体、烯类气体、炔类气体、一氧化碳、硫化氢、煤气、液化石油等等。

有毒气体主要指可挥发的易被人体吸收导致窒息、刺激或者具有麻醉神经作用的气体，这类气体包括氮气、氢气、一氧化碳、酸类蒸气、氯气、二氧化硫、光气等。

（二）可燃、有毒液体

可燃液体是指在常温下是液态，但是具有挥发性且闪点低的物质。其挥发物在空气中的浓度达到一定值时遇到氧气就会发生爆炸反应。这类液体常见的有乙醚、丙酮、汽油、苯、乙醇等，这类液体一般都具有一定的毒性。

工业上的有毒液体特指所有的非油类物质，其一旦进入水体以及循环环境应会危及人体健康、损害生物资源及水生物、损害舒适度以及妨碍其他水资源合理的利用。

（三）可燃、可自燃固体

具有可燃性的固体是指在遇到火、受热、受到外力撞击和摩擦等情况下能着火的固体物质。常见的有五氧化磷、三硫化磷、二硝基苯、二硝基苯肼等。在有些情况下即使没有外界热源的作用，只是由于自身发热和散热，当热量累积到一定程度时能自行燃烧的物质，称为可自燃的物质。在工厂中最常见的是磁带、胶片、活性炭、金属粉、硫化碱等。

二、安全生产

化学工程与工艺专业的学生的培养目标最终是面向工厂生产的，所以在其大四开设综合的专业实验时就应该培养其安全生产的意识。而本校在化学工程与工艺专业的专业实验课程中加入了很多工厂工艺流程的仿真教学，所以工厂的安全生产教育就显得尤其重要。

（一）化工厂生产过程的特点

化工厂尤其是炼油化工厂，其装置一般都很大型化，国内的乙烯生产装置规模一般能达到100万吨/年，而天然气的液化工艺（LNG）设计能力也达到$2 \times 10^6 \ m^3/d$。化工企业的生产一般具有连续性，加工环节不同的生产部门相互连接紧密，操作时所需的协调性和配套性很强。所以在生产的过程中每一步都有严格的规章制度需要遵守，工序和岗位都有明确的职责和分工，生产过程中任何一个工序或者设备出现故障都会造成整个装置停车甚至造成重大事故。

在化工厂的生产过程中，生产装置具有规模大、分工细以及自动化程度高等特点，使得化工厂的生产过程还具有复杂性。各种反应塔（器）、储罐、换热器、加热炉等设备通过管道连接形成复杂多样的生产流程。在生产过程中需要具有多种知识的配合才能顺利完成，所以生产过程还具有综合性的特点。化工学习需要具备仪表、机电、力学等多方面的知识。

现在化工厂一般都采用集散控制系统（DSC）进行生产的监控，集散控制系统的应用使得现代化工的生产自动化程度很高，人员安全得到了保障。

化工厂尤其是石油化工厂，其生产过程一般具有高温、高压、深冷等操作特点，而且很多介质还具有强烈的腐蚀性，管线、设备经常会被腐蚀破坏。加上生产过程中的很多原料、成品为易燃、易爆物品，所以化工厂的生产过程一般都有火灾和爆炸的危险性。

（二）事故防护与保护

在化工厂中事故的防护最重要的是防火防爆。防火防爆需要了解的是燃烧的三要素：可燃物质、助燃物质、火源。在化工厂中存在像汽油、酒精、液化石油气、氢等可燃的物质，当其与空气中的氧或者其他氧化剂接触时会引起剧烈的反应。此类物质称为可燃物质，是发生火灾的必备条件之一，是燃烧的基础，起火时移走可燃物质燃烧就会停止。能帮助和支持燃烧的物质称为助燃物质，比如空气（主要是其中的氧气）、氯气、氯酸钾、高锰酸钾等物质。工厂中一般是禁烟的，由于烟头和烟心温度分别可达300 ℃和800 ℃，所以在工厂中吸烟就等于是在提供火源。此外，传动装置上的摩擦热量、反应器高温的表面、金属物体的撞击以及环境中聚集的热量等都会形成火源，在生产过程中都应该采取措施避免。

（三）安全教育内容

化工厂在新员工进入厂区之前都要进行三级安全教育，也就是厂级安全教育、车间安全教育以及班组级安全教育。教育的主要目的是提高新员工的安全意识，确保人身安全和生产安全。通常教育时间不能少于56小时，经过考核合格才能进入生产岗位。

厂级的安全教育内容主要有：第一，国家的有关安全生产的法令、规定和劳动安全卫生法律、法规；第二，行业通用安全技术、职业卫生的基本知识等；第三，企业安全生产的一般状况、工厂的性质、安全生产的特点，还有工厂中特殊危险部位的介绍等；第四，五项纪律（包括劳动纪律、操作纪律、工艺纪律以及工作纪律）和企业安全生产规章制度等；第五，对典型事故案例进行分析。车间级安全教育和班组级安全教育是在厂级安全教育的基础上结合车间和班组的具体情况进行的。

化工综合实验作为学生在校的最后阶段以及与工作实践衔接的重要阶段，其实验前的安全教育也是必不可少。化工综合实验的安全教育主要分为以下两个方面来进行：

（1）在实验课程开设之前先对学生进行实验安全和生产安全培训；

（2）在具体实验进行时针对特定的设备和流程进行针对的安全教育。

（四）环境保护

化工厂生产过程会排出大量的含有毒性和腐蚀性的废气、废水、废渣，也就是俗称的"三废"。所以了解"三废"处理方法和原理，对于化工类学生走出校园走进工厂也有现实的指导意义。

1.实验室环保技术

实验室中的操作应该避免在实验过程中造成对人体以及环境的伤害，一般从药品的储存、实验过程的规范操作以及实验后的废液处理等几个方面来考虑。

实验前，所有药品在储存时都必须贴上标签，药品名称必须注明，由实验教师强调实验中需要注意的特殊安全要求。各实验仪器必须归位，并检查仪器能否正常使用，遇到仪器故障及时解决。

实验中，除去化学实验操作规范外，尤其是在处理有毒或有刺激性气体的实验时，首先应该打开通风橱，防止有毒气体散逸到空间中。实验教师要监督学生佩戴防护眼镜和橡胶手套，必要时可带上防毒口罩和防毒面具。

实验室的环保操作集中体现在实验完成后。实验结束后，实验中产生的废液应该根据不同的物质性质分别集中收集在废液桶中，实验中循环回收的溶剂应该集中在溶剂回收桶中。所有的废液桶和溶剂回收桶都应该有标签，以便后期处理。对于一般的酸和碱必须在进行中和后并用大量的水稀释后才能排放到下水道。

2.实验室"三废处理"

实验室中经常会产生一些废气、废液、废渣，虽然总量不大，但是如果不加以处理会对实验室人身安全以及周围环境造成不良的影响。下面就对实验室中的"三废"处理分别介绍。

（1）废气处理

在实验过程中产生的少量有毒气体应该通过通风橱排到室外，当有大量有毒气体产生时，应该通过吸收以及管道改制（闭路或者循环）将其回收再处理。在化学分析实验室，气相色谱仪的检测出口废气应该通过万向罩及时排出室外。

特别提出的是对于不慎泄露的汞蒸气（如打碎水银压力计和水银温度计），应该立即使用滴管、真空泵抽吸的拣汞器或者吸气球等将其收集到固定的瓶子，将瓶口用甘油、硫化钠或者水隔绝空气。地上残余的汞撒上硫黄粉或者200 g/L的三氯化铁溶液，使其生成不挥发的固体，干燥后扫去。

（2）废液处理

对比废气和废渣，实验室中的废液是数量和种类最多的一种，其处理的方法各不相同，一般来说可分为以下几种：

首先是直接排放的一类，实验过程中冲洗用到的水由于污染不大可以直接排放到下水道，使用过程中冷凝器中的冷凝水也可以直接排放。常见的无机酸和无机碱，通过过滤滤去滤渣后，经过中和反应调节pH值到7左右可以排到下水道。

含有高浓度的有机物的废液（如丙酮、乙醇、甲醇、醋酸等）应该回收于废液桶中，按规定焚烧处理。对于没有污染的剩余溶剂液体（如盐酸、硫酸、醋酸、浓碱以及甲醇等）可将其送回生产厂。

对于含有剧毒化学品的液体必须通过采用相应的措施消除毒害后再进行处理。比如在处理含腈的废水时，可用高锰酸钾在碱性条件下将其分解，或者用次氯酸钠将其分解成二氧化碳和氮气后排出。

对于含有重金属离子的废液，可根据实际金属离子做不同的处理，其原则就是将金属离子通过加入沉淀剂和絮化剂将其过滤干燥成滤渣处理。

比如在处理含铬的废液时，是采用还原剂（如SO_2、$FeSO_4$、Na_2SO_3、$NaHSO_3$、Fe等）将溶液中毒性强的六价铬离子还原成三价铬，再用加入石灰或者氢氧化钠生成氢氧化铬，通过过滤、干燥等工序将其除去。

在处理含铅的废水时，可在废液中加入制成石灰乳的氢氧化钙，并将废液的pH值调整至11以上，再加入适量的凝絮剂硫酸铝，再用硫酸将pH值调整至7～8，将溶液放置澄清后过滤、烘干成滤渣后处理。

（3）废渣处理

实验完成后的一般性废渣（如废纸、木片、碎玻璃等）直接排往实验室垃圾桶中。实验中得到的有害固体废渣以及废液处理后的废渣根据实验室的要求统一回收处理，少量有毒的可将其深埋。

第二部分 综合性专业实验项目

此部分的实验项目主要是针对本校综合实验室中的实验装置开设的相关实验，实验内容涉及反应工程类、化工分离类、化工工艺类等的化工类专业实验。在此基础上还添加了一些研究开发性实验，如高压溶液浸提法提取蒜氨酸实验、精油提取实验等。

实验一　中空纤维超滤膜分离

　　膜分离技术是近几十年迅速发展起来的一类新型分离技术。膜分离法是用天然或人工合成的高分子薄膜，以外界能量或化学位差为推动力，对双组分或多组分的溶质与溶剂进行分离、分级、提纯和富集的方法。膜分离法可用于液相和气相。对于液相分离可用于水溶液体系、非水溶液体系、水溶胶体系以及含有其他微粒的水溶液体系。膜分离包括反渗透、超过滤、电渗析、微孔过滤等。膜分离过程具有无相态变化、设备简单、分离效率高、占地面积小、操作方便、能耗少、适应性强等优点。目前，膜分离在海水淡化、食品加工工业的浓缩分离、工业超纯水制备、工业废水处理等领域的应用越来越多。超过滤是膜分离技术的一个重要分支，通过实验掌握这项技术具有重要的意义。

一、实验目的

1. 了解和熟悉超过滤膜分离的工艺过程。
2. 了解膜分离技术的特点。
3. 培养学生的实验操作技能。

二、分离机理

　　通常，以压力差为推动力的液相膜分离方法有反渗透（RO）、纳滤（NF）、超滤（UF）和微滤（MF）等方法。图2-1（a）为各种渗透膜对不同物质的截留示意图。对于超滤（UF）而言，一种被广泛用来形象地分析超滤膜分离机理的说法是"筛分"理论。该理论认为，膜表面具有无数微孔，这些实际存在的孔径不同的孔眼就像筛子一样，截留住了分子直径大于孔径的溶质和颗粒，从而达到分离的目的。

　　最简单的超滤器的工作原理，如图2-1（b）所示，在一定的压力作用下，当含有高分子（A）和低分子（B）溶质的混合液流过被支撑的超滤膜表面时，溶剂（如水）和低分子溶质（如无机盐类）将透过超滤膜，作为透过液被收集起来，高分子溶质（如有机胶体）则被超滤膜截留而作为浓缩液被回收。应当指出的是，若超滤完全用"筛分"的概念来解释，则会非常含糊。在有些情况下，似乎孔径大小是物料分离的唯一支配因素，但对有些情况，超滤膜材料表面的化学特性起到决定性的截留作用。如有些膜的孔径既比溶剂分子大，又比溶质分子小，本不应具有截留功能，但令人意外的是，它仍具有明显的分离效果。由此可知，比较全面一些的解释是：在超滤膜分离过程中，膜的孔径大小和膜表面的化学性质等因素将分别起着不同的截留作用。因此，不能简单地分析超滤现象，孔结构是重要因素，但不是唯一因素，另一重要因素是膜表面的化学性质。

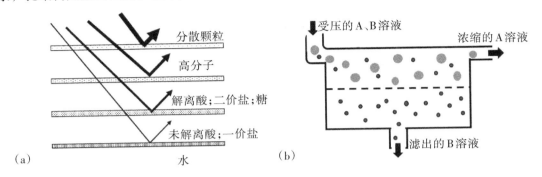

图2-1　（a）各种渗透膜对不同物质的截留示意图；（b）超过滤器工作原理示意图

三、实验设备、流程和仪器

1.实验设备

中空纤维超滤膜装置。

（1）膜组件结构图（图2-2）

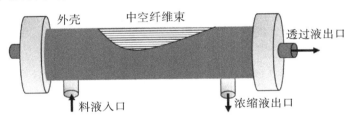

图2-2　中空纤维超滤膜组件

（2）膜组件技术指标

本装置为双组件结构，外压式流程。组件技术指标：

截留相对分子质量：6000；膜材料：聚砜中空纤维膜，有机玻璃膜外壳，管路及管件为ABS塑料；流量范围：10～50 L/h；操作压力：<0.2 MPa；适用温度：5～30 ℃；膜面积：0.5 m²；组件外尺寸：Ø50 mm×480 mm；pH：1～14；装置外形尺寸：长×宽×高=960 mm×500 mm×2000 mm；泵：离心泵（严禁空转）；电源：AC220 V，50 Hz；预过滤器滤芯：材质为聚砜，精度5～10 μm，若阻力增大，可以反吹。

2.实验流程

实验流程如图2-3所示。C1储槽中的清洗水或C2储槽中的溶液经过水泵加压至预过滤器，过滤掉杂质后，经过流量计及水切换阀F20至F5、膜组件1或F6、膜组件2，透过液经F11或F10至视窗流入C4，未透过液经F12或F9至F13取样或F14流入溶液储槽C2中。C3中的保护液经F8和F21至F5和F6进入膜组件；排放保护液时，打开F7阀，保护液流入C5中。

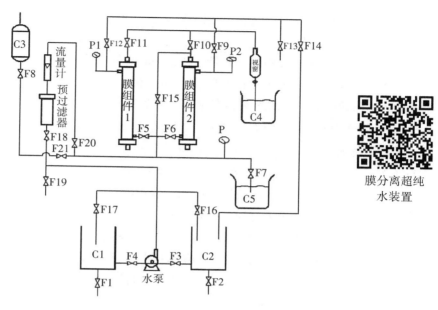

图2-3　中空纤维超滤膜分离流程图

3.实验分析仪器

实验中采用722光栅分光光度计来分析溶液中的组分浓度值。

四、实验物料及分析方法

1.实验物料

保护液：1%甲醛水溶液。

聚乙二醇水溶液：液量35 L（贮槽使用容积），浓度30 mg/L。

料液配制：取聚乙二醇1.1 g置于1000 mL的烧杯中，加入800 mL水，溶解。在贮槽内稀释至35 L，并搅拌均匀。

2.分析方法

（1）分析试剂及物品

聚乙二醇：相对分子质量20000，500 g；冰乙酸：化学纯，500 mL；

碱式硝酸铋：化学纯，500 g；醋酸钠：化学纯，500 g。

烧杯：100 mL（5个）；棕色容量瓶：100 mL（2个）；

容量瓶：50 mL（21个），100 mL（6个），1000 mL（1个）；

移液管：0.5 mL（1支），1 mL（1支），2 mL（1支），3 mL（1支），5 mL（3支），25 mL（3支）；

量液管：10 mL（2支）；量筒：100 mL（1个）；500 mL（1个）。

工业滤纸；蒸馏水。

（2）发色剂配制

①A液：准确称取0.800 g碱式硝酸铋，置于50 mL容量瓶中，加冰乙酸10 mL，全溶，蒸馏水稀释至刻度。

②B液：准确称取20.000 g碘化钾置于50 mL棕色容量瓶中，蒸馏水稀释至刻度。

③Dragendoff试剂（简称DF试剂）：量取A液、B液各5 mL置于100 mL棕色容量瓶中，加冰乙酸40 mL，蒸馏水稀释至刻度。有效期半年。（实际配制时，量取A液、B液各50 mL，置于1000 mL棕色容量瓶中，加冰乙酸400 mL，蒸馏水稀释至刻度）。

④醋酸缓冲液的配制：称取0.2 mol/L醋酸钠溶液590 mL及0.2 mol/L冰乙酸溶液410 mL置于1000 mL容量瓶中，配制成pH＝4.8醋酸缓冲液。

C1：清洗水储槽；C2：溶液储槽；C3：保护液高位槽；C4：透过液储槽；C5：保护液受液罐；F1、F2：C2和C1的排液阀；F3、F4：C2和C1的出口阀；F5、F6：组件1和2的入口阀；F7：排液阀；F8：保护液阀；F9、F12：组件1和组件2的出口调节阀；F10、F11：组件1和组件2的透过液切换阀；F13：取样或排放阀；F14：未透过液循环阀；F15：串联阀；F16、F17：回流阀；F18：过滤器前阀；F19：过滤器排放阀；F20：水切换阀；F21：保护液切换阀；P：压力表。

（3）分析操作

①绘制标准曲线：准确称取在60 ℃下干燥4 h的聚乙二醇1.000 g溶于1000 mL容量瓶中（已配好），分别吸取聚乙二醇溶液0.5 mL、1.0 mL、1.5 mL、2.0 mL、2.5 mL、3.0 mL稀释于100 mL容量瓶内配成浓度为5 mL/L、10 mL/L、15 mL/L、20 mL/L、25 mL/L、30 mL/L聚乙二醇标准溶液。再各取25 mL加入50 mL容量瓶中，分别加入DF试剂及醋酸缓冲液各5 mL，蒸馏水稀释至刻度，放置4 h，于波长510 nm下，用1 cm比色池，在722型分光光度计上测定光密度，蒸馏水为空白。以聚乙二醇浓度为横坐标、光密度为纵坐标作图，绘制出标准曲线。

②试样分析：取试样25 mL置于50 mL容量瓶中，分别加入5 mL DF试剂和5 mL醋酸缓冲液，加蒸馏水稀释至刻度，摇匀，静置0.5～2 h，测定光密度，再从标准曲线上查浓度值。

五、实验步骤

【方案一】固定压力（0.04 MPa），改变3次流量（分别为20 L/h、25 L/h、30 L/h）

1.排超滤组件中的保护液

为防止中空纤维膜被微生物侵蚀而损伤，不工作期间，在超滤组件内加入保护液。在实验前，须将保护液放净。开启阀F7、F5、F6、F12、F9、F15，保护液由F7、C5处流出，用烧杯接盛，之后倒入装甲醛的容量瓶中。保护液停止流动后即认为保护液排完。

2.清洗超滤组件

关闭 F7、打开 F4、过滤器阀 F18、流量计后水切换阀 F20。将水泵电源线插入插座，按下水泵开启按钮，开泵，用蒸馏水清洗膜组件，开泵前确认 F3 关闭，F4 打开。冲洗时，水流量 30～35 L/h。F15 打开 5 min 后关闭，F6 稍关小，让水同时充满组件 1 和组件 2，调节 F6 阀，使压力表 1 读数为 0.04 MPa，冲洗 20 min，清洗完毕。将清洗液倒掉，清洗液不要流入原料贮槽中。

3.排水

先关泵，关闭 F4，打开阀 F7、F15，将阀 F12、F9 稍开大些，排掉组件 1、组件 2 及管路中的水，组件中的水排完后中空纤维收缩，F7 中无水排出时认为水已排净。用烧杯接水，不要流入原料贮槽中。排完水后除过滤器阀 F18、流量计后水切换阀 F20 保持打开状态外，关闭其他所有阀门。将桶中水倒掉。

4.分离测样

（1）用干净烧杯取原料液样 100 mL，放置，待测光密度和浓度。

（2）打开阀 F3、F5、F12、F13。用膜组件 1 分离物料。开泵（开泵前确认 F3 打开、F4 关闭），流量为 10 L/h。调节 F12 阀，将压力表 1 压力调节为 0.04 MPa，几分钟后，窗口中有透过液出现，这时准确记录时间。在 C4 处用烧杯接透过液 1 分钟，测量体积，计算流量，在 F13 处用烧杯接未透过液 1 min，计算流量。用烧杯各取 100 mL 原料液、透过液和未透过液，用 25 mL 移液管分别移取 25 mL 原料液、透过液、未透过液试样于 50 mL 容量瓶中，测定光密度。

（3）每隔 20 min 取一次样，共取 6 次样，每次都要重新测量透过液和未透过液流量，重新取样测定光密度。每次所取样都要标记清楚（如原料液 0，原料液 1，透过液 1，未透过液 1；原料液 2，透过液 2，未透过液 2 等）。

（4）改变流量（分别为 10 L/h、15 L/h、20 L/h、25 L/h、30 L/h），重复步骤（1）、（2）、（3）（注意始终保持压力表 1 压力为 0.04 MPa）；

（5）停泵，关闭 F3，打开 F4。

（6）放掉膜组件及管路中的原料液。打开阀 F7、F6、F15，将膜组件中的原料液排入原料贮槽中。

5.清洗膜组件

待膜组件中的原料液流完后，关闭 F7。打开 F9，开泵，开泵前确认 F3 关闭、F4 打开。清洗膜组件 5 min 后，F15 关闭，调节 F12、F9，使压力表 1、2 读数为 0.02 MPa，视窗中有透过液出现，继续清洗 15 min，清洗液不要流入原料贮槽中。打开阀 F7、F15，排尽膜组件及管路中的水。关闭阀 F7、流量计后水切换阀 F20。

6.加保护液

将实验前放出来的保护液加入保护液贮槽 C3 中。打开阀 F8，保护液切换阀 F21（确认水切换阀 F20 已关闭），膜组件中加入保护液，中空纤维膨胀，待膜组件中保护液加满后，关闭所有阀门。

7.测标准溶液的光密度，绘标准曲线，测试样的光密度，从标准曲线上查试样浓度。

8.将仪器清洗干净，放在指定位置，切断分光光度计的电源。实验结束。

【方案二】改变4次压力（分别为0.03 MPa、0.05 MPa、0.06 MPa、0.07 MPa），改变4次流量（分别为15 L/h、20 L/h、25 L/h、30 L/h）。

1.调节压力表1压力为0.03 MPa，改变4次流量（分别为15 L/h、20 L/h、25 L/h、30 L/h），每个流量只做20 min，取一次样，其他同方案一。

2.改变压力，在不同压力下分别改变4次流量，取样同上。

六、数据处理

1.按表2-1记录实验条件和资料

表2-1　数据记录表

压力（表压）：　　MPa　　温度：　　℃　　　时期：　　年　　月　　日

实验序号	起止时间	浓度/mg·L⁻¹			流量/mL·min⁻¹	
		原料液	透过液	未透过液	透过液	未透过液
1						
2						
...						

2.数据处理

（1）聚乙二醇的脱除率

$$f = \frac{C_{原始液} - C_{透过液}}{C_{原始液}} \tag{2-1}$$

$$f = \frac{C_{原始液i-1} - C_{透过液i}}{C_{原始液i-1}} \quad (i=1\sim6) \tag{2-2}$$

（2）透过流速

$$f = \frac{V_{透过液}}{t_{实验时间} \times S_{膜}} = \frac{Q_{透过液}}{S_{膜}} \quad [mL/(m^2 \cdot min)] \tag{2-3}$$

$$f = \frac{V_{透过液i}}{T \times A} = \frac{Q_{透过液i}}{A} \tag{2-4}$$

（3）聚乙二醇回收率

$$Y = \frac{m_{未透过液中聚乙二醇}}{m_{原料液中聚乙二醇}} \times 100\% = \frac{V_{未透过液} \times C_{未透过液}}{V_{原料液} \times C_{原料液}} \times 100\% = \frac{Q_{未透过液} \times T \times C_{未透过液}}{(V_{原料液} - V_{透过液}) \times C_{原料液}} \times 100\% \tag{2-5}$$

$$Y = \frac{m_{\text{末}i}}{M_{\text{原}i}} \times 100\% = \frac{V_{\text{末}i} \times C_{\text{末}i}}{V_{\text{原}i} \times C_{\text{原}i}} \times 100\% = \frac{Q_{\text{末}i} \times T \times C_{\text{末}i}}{\left(V_{\text{原}i-1} - V_{\text{透}i}\right) \times C_{\text{原}i}} \times 100\% \qquad (2\text{-}6)$$

其中：$V_{\text{透}i} = Q_{\text{透}i} \times T$

（4）在坐标上绘出不同流量 Q 下回收率 Y-取样时间 T 的关系曲线（方案一）；

（5）在坐标上标出不同时间 T 下回收率 Y-流量 Q 的关系曲线（方案一）；

（6）用 Origin 软件绘出渗透流率 J-压力 P 的关系曲线，并回归出曲线方程（方案二）；

（7）用 Origin 软件绘出回收率 Y-流量 Q 的关系曲线，并回归出曲线方程。（方案二）

七、思考题

1.试论述超过滤膜分离的机理。

2.超过滤组件中加保护液的意义是什么？

3.实验中如果操作压力过高会有什么结果？

4.提高料液的温度对超滤有什么影响？

5.讨论压力对渗透流率的影响。

6.讨论流量对回收率的影响。

7.阅读参考文献，回答什么是浓差极化，有什么危害，有哪些消除的方法。

实验二　反应精馏法制醋酸乙酯实验

反应精馏是精馏技术中的一个特殊领域。在操作过程中，化学反应与分离同时进行，故能显著提高总体转化率，降低能耗。此法在酯化、醚化、酯交换、水解等化工生产中得到应用，而且越来越显示其优越性。

一、实验目的

1.了解反应精馏与常规精馏的区别。
2.了解反应精馏的服从规律。
3.掌握反应精馏的相关操作。
4.能对塔内物料组成进行分析。
5.学会用正交实验法优化实验方案。

二、实验原理

反应精馏过程不同于一般精馏，它既有精馏的物理相变之传递现象，又有物质变性的化学反应现象，其既服从质量作用定律又服从相平衡规律的复杂过程。两者同时存在，相互影响，使过程更加复杂。因此，反应精馏对下列两种情况特别适用：（1）可逆平衡反应。一般情况下，反应进程受平衡常数的影响，反应转化率只能维持在平衡转化的水平；但是，若生成物中有低沸点或高沸点物质存在，则精馏过程可使其连续地从系统中排出，结果超过平衡转化率，大大提高了效率。（2）异构混合物分离。通常因它们的沸点接近，靠精馏方法不易分离提纯，若异构体中某组分能发生化学反应并能生成沸点不同的物质，这时可在过程中得以分离。

醇酸酯化反应是上述的第一种情况。由于该反应的反应速度非常缓慢，单独采用反应精馏操作也不能达到高效分离，所以在实验时同时会采用催化反应方式。在此反应中酸是有效的催化剂，实验时常用硫酸。反应时，反应速率随酸的浓度增高而加快，浓度在质量百分比为0.2%～1.0%。此外，还可用离子交换树脂、重金属盐类和丝光沸石分子筛等固体催化剂。反应精馏采用硫酸作为催化剂时，由于其催化作用不受塔内温度限制，所以在全塔内都能进行催化反应。当采用固体催化剂时，由于催化剂存在一个最适宜的温度，而精馏塔本身难以达到此条件，故很难实现最佳化操作。本实验是以醋酸和乙醇

为原料、以硫酸作为催化剂，反应生成醋酸乙酯的可逆反应。反应的化学方程式为

$$CH_3COOH + C_2H_5OH \rightleftharpoons CH_3COOC_2H_5 + H_2O \qquad (2-7)$$

实验的进料有两种方式：一是直接从塔釜进料；另一种是在塔的某处进料。前者有间歇操作和连续式操作；后者只有连续式操作。釜沸腾状态下塔内轻组分逐渐向上移动，重组分向下移动。具体地说，醋酸从上段向下段移动，与向塔上段移动的乙醇接触，在不同填料高度上均发生反应，生成酯和水。塔内此时有4组元。由于醋酸在气相中有缔合作用，除醋酸外，其他三个组分形成三元共沸物或二元共沸物。

水-酯共沸物、水-醇共沸物沸点较低，醇和酯可以不断地从塔顶排出。若控制反应原料比例，可使某组分全部转化。因此，可认为反应精馏的分离塔也是反应器。全过程可用物料衡算式和热量衡算式描述。

图2-4显示的是反应精馏过程的气液流动情况。

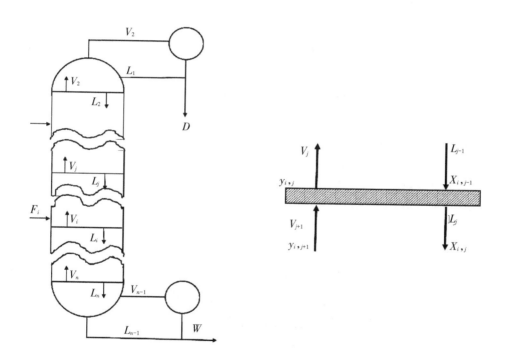

F_j:j板进料流量；h_j:j板上液体焓值；H_j:j板上气体焓值；H_{fj}:j板上原料焓值；H_{rj}:j板上反应热焓值；L_j:j板下降液体量；$K_{i,j}$:i组分的汽液平衡常数；P_j:j板上液体混合物体积（持液量）；$R_{i,j}$:单位时间j板上单位液体体积内i组分反应量；V_j:j板上升蒸汽量；$X_{i,j}$:j板上组分i的液相摩尔分数；$Y_{i,j}$:j板上组分i的气相摩尔分数；$Z_{i,j}$:j板上i组分的原料组成；$\theta_{i,j}$:反应混合物i组分在j板上的体积；Q_j:j板上冷却或加热的热量

图2-4　反应精馏过程的气液流动

（1）物料平衡方程

对第j块理论板上的i组分进行物料衡算如下：

$$L_{j-1}X_{i,\,j-1}+V_{j+1}Y_{i,\,j+1}+F_{j}Z_{j,\,i}+R_{i,\,j}=V_{j}Y_{i,\,j}+L_{j}X_{i,\,j} \tag{2-8}$$

$2 \leqslant j \leqslant n$，$j=1$，2，3，4

（2）气液平衡方程

对平衡级上某组分i有如下平衡关系：

$$K_{i,\,j}X_{i,\,j}-Y_{i,\,j}=0 \tag{2-9}$$

每块板上组成的总和应符合下式：

$$\sum_{i=1}^{n}Y_{i,j}=1 ; \quad \sum_{i=1}^{n}X_{i,j}=1 \tag{2-10}$$

（3）反应速率方程

$$R_{i,j}=K_{j}\cdot P_{j}\left(\frac{X_{i,j}}{\sum Q_{i,j}\cdot X_{i,j}}\right)^{2}\times 10^{5} \tag{2-11}$$

上式中原料中各组分的浓度相等条件下才能成立，否则应予修正。

（4）热量衡算方程

对平衡级上进行热量衡算，最终得到下式：

$$L_{j-1}h_{j-1}-V_{j}H_{j}-L_{j}h_{j}+V_{j+1}H_{j+1}+F_{j}H_{rj}-Q_{j}+R_{j}H_{rj}=0 \tag{2-12}$$

三、实验装置及试剂

1.实验仪器

实验装置及流程如图2-5所示。

实验中反应精馏塔用玻璃制成。直径20 mm，塔高1400 mm，塔内填装Ø2 mm×2 mm不锈钢θ网环形填料。塔外壁镀有透明导电金属膜，使用中通电使塔身加热保温。在塔的外部罩有玻璃套管，既能绝热又能观察。塔釜为四口烧瓶，容积500 mL。塔釜置于500 W电热包中。采用XCT－191、ZK－50可控硅电压控制器控制釜温。塔顶冷凝液体的回流采用摆动式回流比控制器操作。此控制系统由塔头、摆锤、电磁铁线圈、回流比时间控制器组成。

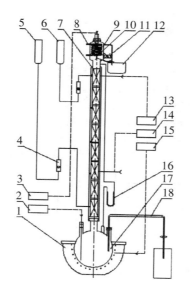

反应精馏实验
装置

50 L精馏塔
装置

1.加热器；2.塔釜测温仪；3.塔顶测温仪；4.进料流量计；5.乙醇计量管；6.醋酸及催化剂计量管；7.塔体；8.冷凝器；9.塔头；10.摆锤；11.电磁铁；12.馏出物收集器；13.上段保温控温仪；14.下段保温控温仪；15.塔釜控温仪；16.压差计；17.塔釜；18.出料管

图2-5　精馏塔装置图

2.技术指标

玻璃塔体：Ø20 mm；填料高：1.4 m；填料：2 mm×2 mm（不锈钢 θ 网环）；保温套管直径：60～80 mm；釜容积：500 mL；加热功率：300 W；保温段加热功率（上、下段）：各300 W；塔的侧口位置：侧口：5个；每口间距：250 mm，距塔底和塔顶各200 mm。

3.控制柜面板布置如图2-6所示。

4.试剂

（1）乙酸（冰醋酸），CH_3COOH，分析纯；

（2）无水乙醇，C_2H_5OH，分析纯；

（3）浓硫酸，H_2SO_4。

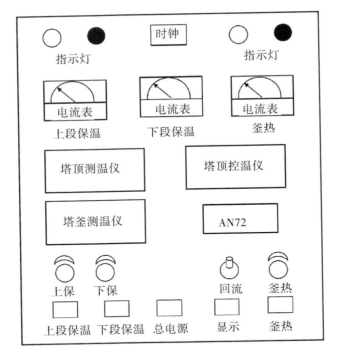

图 2-6 控制柜面板布置图

四、实验前准备

1.通冷却水

实验前应先打开冷却水上水阀门，确认塔头中通入冷却水，且流动通畅。

2.电路检查

检查各加热连接处连接是否牢靠，各电路接头是否插好，各部分的控温、测温热电偶是否放入相应位置的孔内。

3.设置塔釜控温仪的设定温度

釜加热温度要比沸点高50~80 ℃，使加热有足够的温差进行传热。其值可根据实验要求而取舍，边升温边调整，温度过低蒸发量小，没有馏出物，温度过高易造成液泛。本实验可将塔釜温度设为130 ℃。

五、实验步骤

【方案一】间歇式反应精馏

1.用量筒取130 mL乙醇倒入蒸馏釜内。

2.取100 mL乙酸（冰醋酸），滴入浓硫酸（约7~8滴），倒入蒸馏釜内。

3.通电：按下总电源、测温、釜热、上段保温、下段保温按钮，则塔釜控温仪、塔釜测温仪、塔顶测温仪都有温度显示，调节设定温度。此时各电流表指针应都指在0位。

4.加热：调节釜热电流给定旋钮，将电流调至0.5～0.7 A开始加热。记录时间、温度、压差。

5.上、下段保温：注意观察釜液，开始沸腾后，上、下段保温，调节上、下段保温电流至0.2～0.3 A。

6.开启回流比控制器：当蒸汽上到塔顶，塔头有冷凝液出现后，全回流20 min。启动回流，设置回流比为4∶1（设置回流时间8∶2）。

7.取样分析：反应2 h后停止加热、停止保温、停止回流。称量塔顶馏出物，取样，在气相色谱上分析其组成。等塔内持液全部流回塔釜后，取出釜液称量，分析组成。

8.实验结束：取出釜液后，弹起控制面板上所有按钮，关闭上水阀门。

【方案二】连续反应精馏

1.取130 mL 95%乙醇和100 mL乙酸（滴加7～8滴硫酸）配成物质的量比1.3∶1的釜液，加入塔釜。

2.给计量管中分别加入50 mL 95%乙醇和40 mL乙酸（滴加硫酸3～4滴）。

3.开始升温至釜液沸腾，上、下段开始保温。

4.当塔头有回流液出现后，进行15 min全回流操作，开启回流操作，以回流比为4∶1维持出料，从塔的上部侧口以40 mL/h（0.67 mL/min）的速度加入已配制好的含浓硫酸的乙酸（冰醋酸）原料，从塔的下部侧口以50 mL/h（0.83 mL/min）的速度加入95%乙醇原料。

5.1 h后进料完毕，取塔顶馏出物样，分析其组成。继续全回流2 h，隔20 min取一次样，分析组成。称量塔顶馏出物。

6.停止操作后，待塔内持液全部流回塔釜后，取出釜液称量，分析组成。

7.停止通冷却水。

【方案三】设计实验

根据学时和具体情况，学生可以改变原料液配比、回流比、进料位置、液气比等参数，采用正交试验设计法进行设计实验，并将结果进行比较，优化出最佳操作条件，分析探讨影响结果的各种因素。

六、分析方法

仪器名称：SC-2000气相色谱仪。

载体：氮气。

用氢火焰离子化检测器分析原料和产物，色谱操作条件：

柱前压力：0.08 MPa；柱温：60 ℃；检测器温度：150 ℃；汽化室温度：150 ℃；柱子：Ø3 mm×4 mm。

温度巡检：d1；检2温度：d2；汽化室温度：d3；柱箱温度：400 ℃。质量校正因子：乙醇，2.18；乙酸乙酯，2.64；乙酸，4.17。

计算时用面积归一法计算。

七、实验数据处理

自行设计实验数据记录表格，根据实验测得数据，按下列要求写出实验报告：①实验目的与实验流程；②实验数据与数据处理；③实验结果与讨论及改进实验的建议。

可根据下式计算反应转化率和收率：

$$转\ 化\ 率 = \frac{(醋酸加料量+原釜内醋酸量) - (馏出物醋酸量+釜残液醋酸量)}{醋酸加料量+原釜内醋酸量} \times 100\%$$

$$(2-13)$$

进行醋酸和乙醇的全塔物料衡算，计算塔内浓度分布、反应收率、转化率等。

八、注意事项

1.乙酸乙酯与水或乙醇能形成二元共沸物或三元共沸物，它们的沸点非常相近，实验过程中应注意控制塔顶温度。共沸物的沸点和具体组成见表2-2。

表2-2 共沸物的组成和沸点

沸点/℃	组成/%		
	乙酸乙酯	乙醇	水
70.2	82.6	8.4	9.0
70.4	91.9	0	8.1
71.8	69.0	31.0	0

2.开始操作时应首先加热釜液，维持全回流操作15～30 min，以达到预热塔身、形成塔内浓度梯度和温度梯度的目的。

九、思考题

1.怎样提高酯化收率？

2.不同回流比对产物分布影响如何？

3.采用釜内进料，操作条件要做哪些变化？酯化率能否提高？

4.进料物质的量比应保持多少为最佳？

5.用实验数据能否进行模拟计算？如果数据不充分，还要测定哪些数据？

实验三 乙醇气相脱水制乙烯反应动力学

实验室小型管式炉加热固定床、流化床催化反应装置是有机化工、精细化工、石油化工等部门的主要设备，尤其在反应工程、催化工程及化工工艺专业中使用相当广泛。

一、实验目的

1.巩固所学有关反应动力学方面的知识。

2.掌握获得反应动力学数据的手段和方法。

3.学会实验数据的处理方法，并能根据动力学方程求出相关的动力学参数值。

4.熟悉固定床反应器和流化床反应器的特点及多功能催化反应装置的结构和使用方法，提高自身实验技能。

二、实验原理

固定床反应器内填充有固定不动的固体催化剂，床外面用管式炉加热提供反应所需温度，反应物料以气相形式自上而下通过床层，在催化剂表面进行化学反应。

流化床反应器内装填有可以运动的催化剂层，是一种沸腾床反应器。反应物料以气相形式自下而上通过催化剂层，当气速达到一定值后进入流化状态。反应器内设有挡板、过滤器、丝网和瓷环（气体分布器）等内部构件，反应器上段有扩大段。反应器外有管式加热炉，以保证得到良好的流化状态和所需的温度条件。

反应动力学描述了化学反应速度与各种因素如浓度、温度、压力、催化剂等之间的定量关系。反应动力学在反应过程开发和反应器设计过程中起着重要的作用。它也是反应工程学科的重要组成部分。

本实验是在固定床反应器和流化床反应器中，进行乙醇气相脱水制乙烯，进而测定反应的动力学参数。在实验室中，乙醇脱水是制备纯净乙烯的最简单方法。常用的催化剂有：液相反应中的浓硫酸（反应温度约170℃）、气—固相反应中的三氧化二铝（反应温度约360℃）、气—固相反应中的分子筛催化剂（反应温度约300℃）。其中，分子筛催化剂的突出优点是乙烯收率高，反应温度较低。故选用分子筛作为本实验的催化剂。

乙醇脱水属于平行反应。既可以进行分子内脱水生成乙烯，又可以进行分子间脱水生成乙醚。一般而言，较高的温度有利于生成乙烯，而较低的温度有利于生成乙醚。

因此，对于乙醇脱水这样一个复合反应，随着反应条件的变化，脱水过程的机理也会有所不同。借鉴前人在这方面所做的工作，将乙醇在分子筛催化剂作用下的脱水过程描述成：

$$2C_2H_5OH \rightarrow C_2H_5OC_2H_5 + H_2O \tag{2-14}$$

$$C_2H_5OH \rightarrow C_2H_4 + H_2O \tag{2-15}$$

三、实验装置、流程及试剂

1.多功能催化反应实验装置介绍

该实验装置可进行加氢、脱氢、氧化、卤化、芳构化、烃化、歧化、氨化等各种催化反应的科研与教学。它能准确地测定和评价催化剂活性、寿命，找出最适宜的工艺条件，同时也能测取反应动力学和工业放大所需数据。本装置由反应系统和控制系统组成：反应系统的反应器为管式，由不锈钢材料制成。床内有直径3 mm的不锈钢套管穿过反应器的两端，并在管内插入直径1 mm的铠装热电偶，通过上下拉动热电偶而测出床层不同高度的反应温度。加热炉采用三段加热控温方式，上、下段温度控制灵活，恒温区较宽。控制系统的温度控制采用高精度的智能化仪表，有三位半的数字显示，通过参数改变能适用各种测温传感器，并且控温与测温数据准确可靠。整机流程设计合理，设备安装紧凑，操作方便，性能稳定，重现性好。还有能与计算机联机的接口，必要时可安装软件能在计算机上显示与存储有关数据，还能实现计算机控制。另外，装置亦可更换不同尺寸的反应器，或者另加流化床等其他反应器。也可在仪表内安装程序控温模块，实现温度程控。

2.装置技术指标

固定床：

反应器内直径20 mm；长度730 mm；催化剂填装量5～20 mL，3.0 g；

反应炉直径220 mm；长度650 mm；各段加热功率1 kW；

预热器直径10 mm；长度250 mm；加热功率0.5 kW。

流化床：

液相段直径20 mm；长度500 mm；加热功率1 kW；

扩大段直径76 mm；长度270 mm；保温加热功率0.5 kW；

热电偶k型（根据不同的最高使用温度面选择）铠装式∅1 mm；

气体流量500 mL/min；操作压力0.2 MPa；催化剂装填量20～40 mL；

使用温度550 ℃。

3.面板布置图

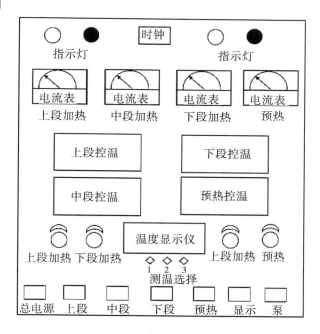

图 2-7 面板布置图

4.装置流程图

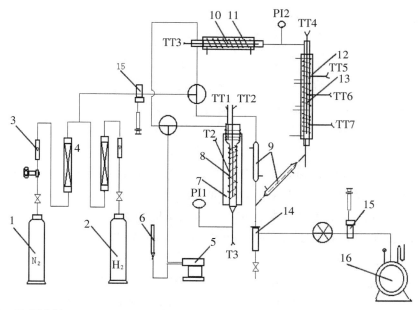

TT.热电偶；PI.压力计；

1.氮气钢瓶；2.氢气钢瓶；3.转子流量计；4.干燥器；5.液体泵；6.进料管；7.反应炉；8.流化床反应器；9.冷凝器；10.预热炉；11.预热器；12.反应炉；13.固定床反应器；14.尾液收集器；15.取样器；16.湿式流量计

图 2-8 装置流程图

5.试剂和催化剂

试剂：无水乙醇，99.7%，分析纯；

催化剂：分子筛，60～80目。

四、实验步骤

1.准备工作

准备好原料乙醇，连接好柱塞计量泵的进料管线。将料液切换阀切换至固定床。

2.加冷却水

向固定床冷凝器中通入冷却水。

3.启动色谱

打开氢气发生器，给色谱中通入载气，载气流量为 20 mL/min，色谱仪的柱前压力（载气压力）为 0.1 MPa，确认色谱检测器有载气通过后启动色谱仪。柱箱温度（d_3）设定为 60 ℃，检测室（d_0）温度为 130 ℃，汽化室（d_2）温度为 130 ℃，待温度稳定后，打开热导池—微电流放大器的开关，调整桥电流至 150 mA。

4.通电、设定加热温度

检查热电偶和加热电器接线是否正确。无误后开启电源总开关和分开关，此时控温仪表有温度数值显示出来，调节上、中、下段控温和预热控温设定温度至设定值，一般上、下段设定为同一温度（初始温度为 280 ℃），中段设定略高于上、下段（290 ℃），预热设定温度为 100 ℃，使乙醇汽化。

5.加热

顺时针方向调节电流给定旋钮，电流表有电流指示表明已开始加热。电流给定值上中下段不超过 2 A（一般为 1.5 A），预热器不超过 1 A（一般为 0.5 A）。电流过大会烧毁炉丝。待温度显示仪测量温度达到反应温度（290 ℃）时，通入反应介质，进入反应阶段。

6.进料

设定进料速度为 2 mL/min。预先调节柱塞计量泵流量至 2 mL/min。当测量温度达到反应温度时，开启计量泵，向反应器中通入反应介质。准确记录时间和湿式流量计的流量。反应 20 min，取样分析气体组成，隔 20 min 取一次样，取 3 次样，每次取样要重新记录时间和流量。取样结束后，放掉尾液收集器中的尾液。

7.改变温度

改变 5 次温度。调整上、中、下段设定温度，上、下段设定分别为 280 ℃、290 ℃、300 ℃、310 ℃、320 ℃，中段相应高出 10 ℃。重复步骤 6，取样分析数据。

8.反应完毕后，停止进料

继续加热 20 min，之后将各加热器电流调回 0 A，打开尾液收集器阀门，放掉尾液，停止通冷却水，关电源，实验结束。

五、数据处理

实验过程中，应将有用的数据及时、准确地记录下来。记录表格可参见表2-4。

1.产物组成的计算

产物中各组分的摩尔分率可以按下式求出：

$$x_i = A_i f_i / \left(\sum_{j=1}^{n} A_j f_j \right) \tag{2-16}$$

式中：x_i 是尾气中组分 i 的物质的量分数；

A_i 是组分的色谱峰面积值；

f_i 是组分 i 在热导池检测器上的校正因子，具体的数值可参见表2-3；

n 是尾气中所含的组分数。

表2-3　热导池检测器上的 f_i（载气 H_2）

出峰顺序	组分(i)	校正因子(f_i)
1	乙烯	2.08
2	乙醚	0.91
3	乙醇	1.39

根据实验结果求出乙醇的转化率、乙烯的收率及乙烯的生成速率。然后按一级反应求出生成乙烯这一反应步骤的速率常数和活化能。写清计算过程，并将计算结果填入表2-4中。

表2-4　数据处理结果

实验号	反应温度/℃	乙醇进料量/mL·min^{-1}	产物组成/%				乙醇浓度(c_A)	乙醇转化率(X)	乙烯收率(Y)	反应速度(r)	反应速率常数(k)
			乙烯	乙醚	乙醇	其他					
1	310	2									
		3.5									

数据处理示例

1.图谱及结果

实验产物气相色谱图如图2-9所示，出峰位置和峰面积如表2-5所示。

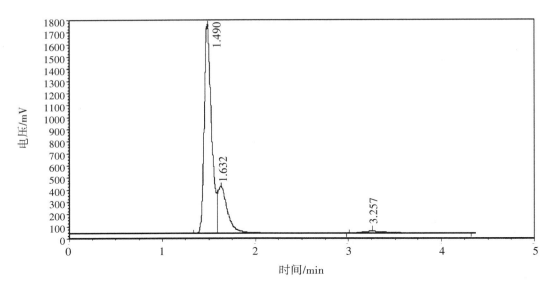

图2-9　实验产物气相色谱图

表2-5　出峰位置和峰面积表

峰号	峰名	保留时间	峰高	峰面积	含量/%
1	乙烯	1.490	1716061.500	9350693.000	86.493
2	乙醚	1.632	387875.844	2848247.000	11.526
3	乙醇	3.257	15065.972	320361.469	1.980

2.物质的量计算

物质的量如表2-6所示。

表2-6　物质的量计算表

序号	取样时间/min	流量计体积/L	气体总物质的量 n	乙烯物质的量 $n_{乙烯}$	乙醚物质的量 $n_{乙醚}$	反应的乙醇物质的量 $n_{反应的乙醇}$	原料乙醇物质的量 $n_{原料乙醇}$
1	20	14	0.474	0.4	0.059	0.518	0.687
2	24	15.2	0.515	0.427	0.078	0.582	0.824
3	11	6.6	0.273	0.236	0.031	0.299	0.378

3.数据结果处理

数据结果如表2-7、表2-8所示。

表2-7 计算结果（1）

实验号	反应温度/℃	乙醇进料量/mL·min⁻¹	产物组成/%			
			乙烯	乙醚	乙醇	其他
1	320	2	86.493	11.526	1.980	0
		3.5				

表2-8 计算结果（2）

乙醇浓度 c_A/mol·L⁻¹	乙醇转化率 X/%	乙烯收率 Y/%	反应速度 r/mol·g⁻¹·h⁻¹	反应速率常数 k
0.0178	79	62.4	0.428	24.02
...				

六、思考题

1. 用固定床反应器和流化床反应器测定化学反应动力学的优、缺点是什么？

2. 要想证明测定的是本征动力学数据，还需要补充哪些实验内容？

3. 画出进料速度与乙烯收率的关系曲线，并对曲线所反映出的规律做出解释。

实验四　甲醇-水蒸气重整制氢实验

　　甲醇重整制氢是近二十年来新兴的制氢技术，其工艺一般采用甲醇加水蒸气通过催化剂床层。甲醇发生裂解反应，经过一氧化碳的变换反应，制取氢气和二氧化碳混合气，经过进一步处理得到纯净的氢气，CO_2也可作为产品供应市售。甲醇重整制氢单位氢气成本低，仅为水电解制氢的一半，在电价较高地区这种效益更加明显，故甲醇重整制氢工艺近十年来得到了飞速的发展。

一、实验目的

　　1.学会实验数据的处理方法，并能根据动力学方程求出相关的动力学参数值。

　　2.巩固所学有关反应动力学和热力学方面的知识。

　　3.熟悉固定床反应器和流化床反应器的特点及多功能催化反应装置的结构和使用方法。

二、实验原理

　　甲醇制取氢气有如下三种方式：

　　直接裂解：$CH_3OH \rightarrow CO + 2H_2$　　　　　　　　　　　　　　　　　　（2-17）

　　部分氧化：$CH_3OH + 1/2O_2 \rightarrow CO_2 + 2H_2$　　　　　　　　　　　　　（2-18）

　　水蒸气重整：$CH_3OH + H_2O \rightarrow CO_2 + 3H_2$　　　　　　　　　　　　（2-19）

　　甲醇直接裂解制得的气体中有较多的CO，它的存在会给环境带来较大的危害，同时由于CO对燃料电池的毒害作用，这种制氢方法也不适合给燃料电池提供氢源；部分氧化反应制取氢气的缺点是产物中的含量较低，有时低于50%（燃料电池要求氢的含量为50%～100%），特别是使用的氧化剂通常为空气，大量氮气的引入导致氢气浓度的进一步降低；同比之下，甲醇-水蒸气重整技术具有成本低、条件温和、无腐蚀、产物成分少、易分离等优点，可实现大量供氢的要求，同时也可符合质子交换膜燃料电池对氢源的要求。

　　甲醇-水蒸气转化制氢技术具有原料易得、工艺流程简单和成本较低等优点，受到企业和研究者广泛关注，尤其是将该技术用于车载燃料电池用氢方面的研究成为国内外开发的热点。甲醇-水蒸气转化制氢技术关键在于制氢反应催化剂，目前工业上使用的催化剂是用共沉淀法生产的高铜含量（CuO质量分率50%）的Cu/ZnO/Al$_2$O$_3$催化剂，正在开发研究的大多是改性铜系（CuO质量分数40%～50%）的催化剂。

三、实验装置、流程及试剂

实验所用的装置是天津大学北洋新技术开发中心设计生产的内循环无梯度反应器，其工艺流程图如图2-10所示。

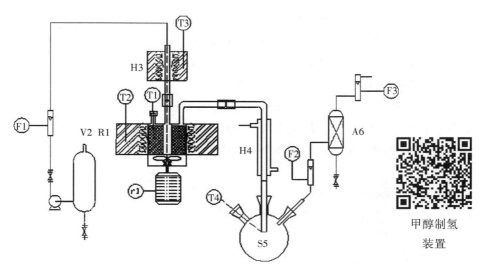

F1、F2、F3.流量计；V2.进料罐；H3.预热器；H4.冷凝管；R1.反应器；S5.气液分离器；A6.气液分离器；T1.反应器温度控制；T2.加热套温度控制；T3.预热器温度控制

图2-10　工艺流程图

设备由无梯度反应器、预热器、磁力搅拌器、液体进料系统、气体进料系统、温控仪、调速器（带手持式测速仪）、流量计、电流电压表、金属框架组成。设备使用常数见表2-9。

表2-9　无梯度反应器设备使用常数

设备参数	数值
反应压力	常压
反应器加热功率	2 kW
反应器最高温度	550 ℃
预热器加热功率	0.5 kW
预热器最高温度	400 ℃
催化剂装填量	5 mL
搅拌速度	0～3000 r/min(连续可调,直流调速)
反应体系	气-液、气-气、气-固-液

本实验涉及催化剂制备过程，所用试剂较多，下面是实验所用试剂：

结晶碳酸钠、硫酸锌、硫酸镍、水合肼、甲醇、氢氧化钙、氢氧化钠、硫酸铜。

实验采用的是 Cu/ZnO/分子筛和 Ni/ZnO/分子筛系列催化剂。

四、实验步骤及方法

（一）催化剂制备

1.ZnO 的制备

（1）直接沉淀法制备前驱物

①称取 Na_2CO_3，预先配制成 1 mol/L 的溶液。

②称取 $ZnSO_4$ 13.4983 g，在三颈瓶（250 mL）中配制成 1 mol/L 的溶液。

③三颈瓶在水浴（$T_{外}$=80 ℃）加热搅拌。

④在三颈瓶加料口插入滴液漏斗，将 Na_2CO_3 溶液缓慢加入 $ZnSO_4$ 溶液中，立即有白色絮状沉淀生成，搅拌，反应温度 $T_{内}$=70～75 ℃，直至 Na_2CO_3 全部加入，$T_{外}$=80 ℃。用少量去离子水冲净漏斗，用玻璃棒沾少量反应液测 pH 值，当 pH 值约等于 7 时，反应即达终点。

（2）醇凝胶的制备

①上步混合物停止搅拌，静置 3 h，以便充分反应。

②将水凝胶去除，抽滤。

③将沉淀物用去离子水反复洗涤三次，用 0.1 mol/L 的 $BaCl_2$ 测定直至洗涤液中无 SO_4^{2-} 存在为止。

④用无水乙醇洗涤产品，制得醇凝胶。

将抽滤并洗涤干净的固体放置干燥以备用。

2.Cu 的制备

采用液相还原法制备，过程如下所示：

称取一定量的 $CuSO_4$，配置成溶液放于三颈瓶中，将一定量的水合肼置于滴液漏斗中慢慢滴入，边滴边磁力搅拌，利用水合肼的还原性置换出硫酸铜中的铜。反应完全后，将沉淀液抽滤分离，用蒸馏水洗净后转移到另一容器中放置备用。

3.Ni 的制备

采用液相还原法制备，过程与 Cu 的制备相同。

4.催化剂的配置

按 $m(Cu):m(ZnO):m(分子筛)$ 1：4：5 和 $m(Ni):m(ZnO):m(分子筛)$ 1：4：5 的比例称取物质放于研钵中仔细研细，充分研细和混合后压片得片状催化剂。

（二）反应器中的操作

1.取一定量的甲醇和蒸馏水按物质的量比 1：1 混合，放于 V2 进料罐中。

2.当反应器温度 T1 达到 340 ℃时再预热 1～2 h 后，用恒流泵进料。

3.将溶液调整好流速，通入预热器中，在预热器 H3 中液体气化，气体进入反应器

R1，在催化剂的作用下发生反应。

4.打开气体净化器阀，使用氢氧化钠的饱和溶液，吸收产物中的 CO_2。

5.打开气体流量计阀，净化后的气体通入湿式流量计测气体的体积。

6.将排气管出口投放室外，产出的氢气直接通入空气中。

（三）注意事项

1.反应过程中注意放原料的量筒的刻度和湿式流量计的度数。

2.由于氢气是可燃性气体，在实验过程中，要门窗全开，保证空气的流通。

五、实验数据处理

实验过程中，将有用的数据及时、准确地记录下来。记录及结果计算表格可参见表 2-10。

表 2-10　实验数据记录及结果计算表

序号	原料反应体积	生成氢气体积	转化率	温度	预热时间	反应时间
1						
...						

甲醇的转化率可用以下公式计算：

未反应的甲醇可根据冷凝器中液相组成中甲醇的含量来计算，甲醇-水溶液中甲醇的含量可以通过绘制标准曲线，测折光度来确定。

$$甲醇转化率 = \frac{甲醇进料量-甲醇剩余量}{甲醇进料量} \times 100\% \qquad (2-20)$$

六、实验结果与讨论

1.对以上实验数据进行分析，分别考察 Cu/ZnO/分子筛催化剂和 Ni/ZnO/分子筛催化剂的转化率，并做对比分析。

2.将各个催化剂体系下的转化率分别对反应温度作图，找出各个体系下合适的温度范围。

3.通过反应时间计算氢气生成速率，根据阿累尼乌斯方程 $k=k_0\exp(-E_a/RT)$ 将体系的 k_0 和 E_a 求出。

七、思考题

1.简述甲醇转化氢气的方式，并分析其各自的利弊。

2.甲醇-水蒸气重整中的催化剂有哪几类？

3.影响甲醇转化率的因素有哪些？

实验五　　硼氢化钠水解制氢实验

　　电镀工艺是用电解电镀液的方法在基底上沉积一层具有一定形态和性能的金属或合金沉积层的制备工艺。电镀学科分属于化学工艺学科，而电化学实验是化学化工专业综合实验中必做的实验之一。对于传统的电镀金属，其目的通常是出于美化和保护，通过电镀改善基底材料的外观、耐腐蚀性和耐磨损性等。现在，电镀这一古老的技术正越来越发挥重要作用，如利用电镀工艺制备磁记录材料、纳米材料、微波吸收材料以及催化材料等功能性材料。

　　制氢技术是化学工艺的重要过程之一，一般传统的制氢手段有天然气-蒸汽转化制氢、电解水制氢、水蒸气重整制氢等，而硼氢化钠制氢技术是近年来开发的可供质子交换膜燃料电池（PEMFC）现场制氢的新型技术。通过电镀的方法开发薄膜催化剂，由于其克服了传统粉末状催化剂不利于回收利用等缺点，得到了研究者的认可并受到广泛关注。

一、实验目的

1. 加深对电镀工艺流程基本知识的认识。
2. 熟练掌握电镀工艺流程的操作。
3. 对工业制氢流程加深了解。
4. 通过实验培养学生学科交叉的思想以及综合应用的能力。

二、实验原理

1. 电镀原理

电镀是一种电化学过程，也是一种氧化还原过程。电镀的基本过程是将零件浸在金属盐的溶液中作为阴极，金属板作为阳极，接直流电源后，在零件上沉积出所需的镀层。

　　如：镀镍时，阴极为待镀零件，阳极为纯镍板，在阴阳极分别发生如下反应：

　　阴极（镀件）：

　　$Ni^{2+}+2e^-{\rightarrow}Ni$ （主反应）　　　　　　　　　　　　　　　　（2-21）

　　$2H^++2e^-{\rightarrow}H_2\uparrow$ （副反应）　　　　　　　　　　　　　　　（2-22）

　　阳极（镍板）：

$$Ni -2e^- \rightarrow Ni^{2+} \text{（主反应）} \tag{2-23}$$

$$4OH^- -4e^- \rightarrow 2H_2O+O_2\uparrow \text{（副反应）} \tag{2-24}$$

电镀过程一般包括电镀前预处理，电镀及镀后处理三个阶段。

完整的电镀过程如下：

（1）浸酸→全板电镀铜→图形转移→酸性除油→二级逆流漂洗→微蚀→二级水洗→浸酸→镀锡→二级逆流漂洗

（2）逆流漂洗→浸酸→图形电镀铜→二级逆流漂洗→镀镍→二级水洗→浸柠檬酸→镀金→回收→2~3级纯水洗→烘干

2.硼氢化钠水解制氢原理

硼氢化钠水解分为几个步骤：第一步，$[BH_4]^-$离子在催化剂表面吸附，脱去一个 H 原子，生成 H_2 及 BH_3；第二步，BH_3 与 H_2O 反应，脱去一个 H 原子，生成 H_2 和 $[BH_2OH]^-$；第三步与第二步相似，生成 $[B(OH)_4]^-$ 水合物。因为在催化剂表面的 B—H 键合力变得很弱，所以可以推断，在催化剂作用下水分子形成 B—OH 要比形成 B—H 容易得多。催化剂的活性主要由催化剂表面吸附的 $[BH_4]^-$ 离子决定，而吸附主要由催化剂表面的电子状态决定，所以可以通过改变催化剂表面的电子状态来控制 $[BH_4]^-$ 的吸附量。

反应方程式如下所示：

$$NaBH_4 + （2+x）H_2O \rightarrow NaBO_2 \cdot xH_2O + 4H_2\uparrow \tag{2-25}$$

三、实验流程及装置

实验采取 Co‐Ni‐P 合金薄膜作为硼氢化钠制氢的催化剂。

实验中所用的基底是 Cu 基底，所用阳极为惰性石墨棒电极，选用型号为 LP3005D 型的恒流电源。

实验中采用的电镀溶液成分配制如表 2-11 所示：

表 2-11 电沉积 Co‐Ni‐P 薄膜催化剂的镀液成分和操作条件表

成分	浓度（mol/L）
$CoSO_4 \cdot 7H_2O$	0.11
$NiSO_4 \cdot 6H_2O$	0.04
$NaH_2PO_2 \cdot H_2O$	0.8
$C_6H_5Na_3O_7 \cdot 2H_2O$	0.3
$(NH_4)_2SO_4$	0.3
温度/℃	27
pH	5,6.5,8
电流密度/$A \cdot cm^{-2}$	0.05,0.1,0.15
沉积时间/min	1,2.5,5,10

评价催化剂所用的制氢装置图如图 2-11 所示：

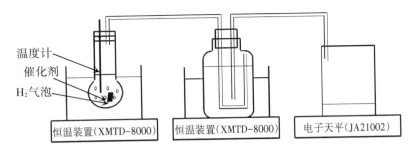

温度计
催化剂
H₂气泡

恒温装置(XMTD-8000)　　恒温装置(XMTD-8000)　　电子天平(JA21002)

图 2-11　氢气制备测量系统图

四、实验步骤

1.电镀过程

（1）配置 10% 的硫酸溶液，将抛光后的铜片浸入 2 min 后取出、吹干、称重。

（2）电镀池中的阳极夹上连接石墨电极，阴极夹上连接铜片。接通电源开始电镀，电镀 4 次，时间分别是 1 min、25 min、5 min、10 min。

（3）将电镀后的铜片用蒸馏水冲洗、吹干、称重，保存在无水乙醇中。

2.制氢过程

（1）将电镀完成的铜片通过称量法确定镀层也就是催化剂的质量。

（2）将制得的催化剂投入已配制好的 20 mL 的 10% NaBH₄ 和 10% NaOH 的混合溶液中。

（3）在 30 ℃的恒温槽中恒温 30 min，检查系统的气密性，打开天平测量排水法得到的水的质量。

（4）每隔 1 min 记录天平的读数，最后将水的质量换算成氢气的体积，将取样时间作为横坐标作图。

五、数据处理

铜片上催化剂的质量为：

$$m = m_2 - m_1 \text{（g）} \qquad (2\text{-}26)$$

式中：m 是镀层上催化剂的质量；

　　　m_2 是电镀后铜片的质量；

　　　m_1 是电镀前铜片的质量。

制氢速率计算：

$$v = \frac{\rho \cdot m_s}{m \cdot t} \text{（mL·g}^{-1}\text{·min}^{-1}\text{）} \qquad (2\text{-}27)$$

式中：ρ 为标准状况下水的密度；

　　　m_s 是排水法得到的水的质量；

　　　m 是催化剂质量；t 是制氢反应时间。

六、实验结果与讨论

1.将电镀液用 H_2SO_4 或者 NaOH 溶液调节不同 pH 值，电镀得到的催化剂进行制氢分析，制氢速率或者制氢量对 pH 值作图，找出体系中合适的 pH 范围，并分析原因。

2.考察不同沉积时间、不同电流密度下得到的合金催化剂的制氢性能。

3.利用正交表设计合适的实验方案，找到制氢速率最高的工艺参数。

4.将催化剂进行长时间制氢，或者循环制氢，分析催化剂的耐久性。

七、思考题

1.影响电镀层表面结构的因素有哪些？实验中应该怎样控制？

2.影响催化剂催化性能的因素有哪些？

3.催化剂的表面结构和内部结构对催化反应的影响哪一个较大？为什么？

实验六　超临界干燥法制备纳米催化剂

一、实验目的

1. 了解 TiO_2、ZnO 等纳米粒子的制备方法。

2. 了解超临界干燥法的基本原理。

3. 学习超临界干燥的基本操作。

4. 了解和掌握高压反应釜的操作。

二、实验原理

1. 纳米粒子的制备方法

纳米粒子一般是指尺寸在 $1 \sim 100$ nm 的粒子。由于这种粒度的粒子具有量子尺寸效应、小尺寸效应和表面效应，显示了和常规微米粒子迥然不同的特性，引起了近年来所谓的"纳米革命"。当前，纳米材料已开始在我国国民经济的各个领域中得到推广应用。

制备纳米材料的第一步就是制备纳米粒子。目前制备纳米粒子的方法有机械研磨法、电阻加热惰性气体蒸发法、氢电弧等离子法、超声速膨胀法、激光蒸发法、溅射法、热分解法、化学气相沉积法、化学沉淀法、溶胶-凝胶法等。其中，化学沉淀法和溶胶-凝胶法由于条件简单，反应条件温和，而且更容易控制粒子的尺寸，因此受到广大化学工作者的重视。

溶胶-凝胶法是 20 世纪 60 年代发展起来的一种制备玻璃材料和陶瓷材料的技术，近年来越来越多地用于纳米粒子的制备。它是通过水解以及水解中间产物的聚合或缩合，把前驱物和反应物的均一溶液转变为氧化物的聚合物，再经过凝胶干燥、焙烧除去有机成分或溶剂而得到无机材料。溶胶-凝胶法采用的前驱物一般是金属或非金属的烷氧基化合物以及无机盐等。溶胶-凝胶法制备的单元和多元金属氧化物超细粒子具有微粒组成均匀、纯度高、粒度小且分布窄等优点。溶胶-凝胶法不仅可以用来制备纳米粉末，而且可以用来制备三维无限的聚合物（纳米固体材料）。

溶胶-凝胶法制备纳米粒子包括溶胶的制备、凝胶的制备和凝胶的干燥三个过程。凝胶的干燥过程是其中的一个重要过程。采用常规的干燥过程，凝胶的收缩非常大，导致有时只能得到大颗粒的粒子，而近年发展起来的超临界干燥新技术则克服了这一不足。

2.TiO₂和ZnO纳米粒子

由于TiO_2在光催化、电池以及自清洁等多个领域有良好的应用，所以纳米TiO_2一直以来是人们研究的热点。在制备方法上有溶胶–凝胶法、沉淀法和固相法等方法。由于颗粒尺寸的细微化，纳米TiO_2产生了其本体块状物料所不具备的表面效应、隧道效应、电荷转移加速效应、激子效应和尺寸量子效应等，从而使其出现了许多不同于体相的新奇特性。

纳米ZnO是少数几个可以实现量子效应的半导体之一。纳米ZnO化学性质稳定，常温下几乎不与其他化合物反应，不溶于水、稀酸，微溶于碱和热硝酸，不与空气中的O_2、CO_2、SO_2等反应，具有生物惰性、热稳定性、无毒性。纳米ZnO具有独特的光催化性能、优异的颜色效应以及紫外线屏蔽等功能，在光催化剂、化妆品、抗紫外线吸收剂、功能陶瓷、光敏传感器等方面具有广阔的应用前景。

纳米TiO_2和ZnO的制备方法分为物理法和化学法。化学法又分为固相法、气相法和液相法，液相法是生产各种氧化物的最主要方法。目前制备这些纳米粒子的方法主要有液相沉淀法、光化学反应法、溶胶–凝胶法、微波法、高温气相氧化法、胶溶法、微孔溶液法等。其中液相沉淀法和溶胶–凝胶法由于条件简单，反应条件温和，而且更容易控制粒子的尺度，因此受到广大化学工作者的重视。

3.超临界流体

任何一种气体的液化过程中都有一个特定的临界温度，在此温度以上，不论加多大压力都不能使气体液化。使某气体在临界温度下液化所需的压力叫作该气体的临界压力。当物质的温度和压力都处于它的临界温度和临界压力以上时，该物质处于超临界状态，它既不是液体，也不是气体，而是具有一系列独特的性质，称为超临界流体。图2-12所示的是纯流体典型的温度–压力图。图中线AT表示气-固平衡的升华曲线，线BT表示液-固平衡的熔融曲线，线CT表示气-液平衡的饱和蒸汽压曲线，点T是气-液-固三相共存的三相点。将纯物质沿气液饱和线升温，当达到图中的C点时，气-液分界面消失，体系变得十分均一，不再分为气体和液体，我们称C点为临界点。该点的温度和压力就是临界温度T_c和临界压力P_c。图中高于临界压力和临界温度的区域内的流体状态为超临界流体状态，在此简称为流体状态。

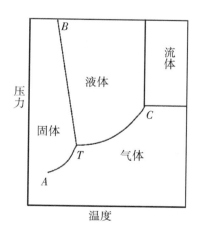

图2-12 纯流体典型的温度–压力图

表2-12列出了一些常见物质的临界性质。

表2-12　一些常见物质的临界性质

物质	临界温度(T_c)/K	临界压力(P_c)/MPa
二氧化碳	304.2	7.37
乙烷	305.4	4.88
乙烯	282.4	5.04
丙烷	369.8	4.24
丙烯	365.0	4.62
甲醇	512.6	7.99
乙醇	513.2	6.30
正丙醇	536.7	5.10
异丙醇	508.3	4.76
环己烷	553.4	4.07
苯	562.1	4.89
甲苯	591.7	4.11
对二甲苯	616.2	3.52
氟利昂-13($CClF_3$)	302.0	3.92
氟利昂-11($CClF_3$)	471.2	4.11
氨	405.6	11.28
水	647.3	22.05

物理学的研究表明，液体的表面张力与温度有如下关系：

$$\sigma = \sigma_0 (1 - T/T_c) \tag{2-28}$$

式中：σ为液体的表面张力；

σ_0为与分子间引力有关液体特性常数；

T为体系的温度；

T_c为临界温度。

当体系温度等于临界温度（$T=T_c$）时，根据上式，液体表面张力趋于零，表明在临界条件下，气-液界面消失，表面张力不复存在。

3.超临界干燥分析

在凝胶干燥前，凝胶网络结构中充满了液体溶剂，在凝胶干燥过程中，随着干燥的进行，溶剂部分挥发后，液体在凝胶网络的毛细孔中开始形成弯月面，产生的附加压力 $\Delta p=2\sigma/\gamma$。凝胶毛细管的孔隙尺寸一般在 $1\sim100$ nm，如凝胶毛细管孔隙的半径为 20 nm，当其中充满着乙醇液体时，理论计算所承受的压力为 $22.5\times p$。这样强烈的毛细管收缩力使毛细管孔径进一步变小，附加压力就进一步变大，这样就使粒子进一步接触、挤压、聚集和收缩，使凝胶网络结构坍塌。因此采用常规的干燥过程很难阻止凝胶的收缩和碎裂，最终只能得到碎裂、干硬的多孔干凝胶。目前消除液体表面张力对凝胶破坏作用的最有效方法是在超临界流体条件下驱除凝胶孔隙中的液体。超临界流体兼具气体性质和液体性质时，气-液界面消失，表面张力不复存在，此时凝胶毛细管孔隙中就不存在由表面张力产生的附加压力，因此在超临界流体条件下的干燥，就可以保持凝胶原先的网络结构，防止纳米粒子的团聚和凝结，从而可以避免常温干燥和烘烤干燥等常规干燥技术在干燥过程中由于强烈的毛细管收缩作用造成的物料团聚，材料基础粒子尺寸变大，比表面急剧下降以及孔隙大量减少等后果。

三、实验装置

本实验的装置由高压釜及其控制装置组成。高压釜的密封方式可查阅有关文献。本技术最常用的干燥介质是甲醇、乙醇和二氧化碳三种，由于甲醇和乙醇易燃、易爆，故在大规模制备时多采用二氧化碳介质。但由于在实验室条件下二氧化碳难以控制，故本实验采用毒性较小的乙醇作为干燥介质。

四、实验步骤

实验者可查阅有关资料，自行设计制备路线来制备纳米二氧化硅、二氧化钛或其他氧化物纳米粒子。路线设计好后应交给老师审查并在老师指导下进行实际实验。

（一）制备 TiO_2 纳米催化剂颗粒参考步骤

1.制备凝胶

（1）在烧杯中加入一定量的钛酸四丁酯、无水乙醇、水和催化剂，快速搅拌直至形成凝胶，然后陈化数日使之老化。

（2）用无水乙醇置换出凝胶中残留的水。

2.超临界干燥

（1）将醇凝胶加入到 2 L 高压釜中，补加部分无水乙醇，使乙醇总用量在 $900\sim1000$ mL。将高压釜密封好并用氮气吹扫高压釜 5 min，开始升温。

（2）当温度和压力到达临界值后，保温 1 h。

（3）维持临界温度卸压至常压，用氮气吹扫 1 h。降温。

（4）等温度降到室温后，开釜出料。

（二）制备 ZnO 纳米催化剂颗粒参考步骤

1.直接沉淀法制备前驱物

（1）称取 Na_2CO_3，预先配制成 1 mol/L 的 Na_2CO_3 溶液。

（2）称取 $ZnSO_4$，在三颈瓶（250 mL）中配制成 1 mol/L 的 $ZnSO_4$ 溶液。

（3）支好三颈瓶，水浴（$T_{外}$=80 ℃），搅拌。

（4）在加料口插入滴液漏斗，逐次将 Na_2CO_3 溶液加入 $ZnSO_4$ 溶液中，立即有白色絮状沉淀生成，搅拌，反应温度 $T_{内}$=70～75 ℃，直至 Na_2CO_3 全部加入，$T_{外}$=80 ℃。

用少量去离子水冲净漏斗，当pH值约等于7时，即达反应终点。

2.醇凝胶的制备

（1）停止搅拌，静置 3 h，以便充分反应。

（2）将水凝胶除去，抽滤。

（3）将沉淀物用去离子水反复洗涤三次，直至洗涤液中用 0.1mol/L 的 $BaCl_2$ 测定无 SO_4^{2-} 存在为止。

（4）用无水乙醇洗涤产品，制得醇凝胶。

3.超临界干燥法制备纳米 ZnO 粉体

（1）将醇凝胶转移至高压反应釜中，补加部分无水乙醇。将高压反应釜密封好并用氨气吹扫高压釜 5 min，开始升温。

（2）升温升至245 ℃，7.0 MPa左右，维持超临界状态 0.5 h。

（3）缓慢释放流体，待无流体排出后用 N_2 吹扫0.5 h，以除去尚未排出的乙醇和少量残留水分。

（4）等温度降至室温后，开釜出料，得到纳米 ZnO 粉体。

五、结果分析

所得材料的形貌、结构以及物理化学性质可用透射电镜、X射线衍射、比表面和孔径测定等手段来表征。

六、注意事项

1.移取 $ZnSO_4$ 时，移液管要绝对干燥、干净。

2.必须得到完全醇取代的醇凝胶。

3.乙醇不能加得太多，以免压力过高。压力偏高时，可以适当放出部分气体以保证压力正常。

4.压力釜必须密封好，升温速度不能太快，以免压力上升过快。

5.在超临界条件下保持一定时间，使凝胶孔隙中液体全部转为超临界流体。

6.卸压时，在保持临界温度不变的情况下，通过排泄阀缓慢地释放出干燥介质流体，直至达到常压为止。

7.本实验溶剂易燃，实验压力高，要注意安全。

七、思考题

1.用溶胶-凝胶法制备纳米材料有何优点?

2.什么叫超临界技术?

3.采用超临界干燥有什么好处?

实验七　甲醇/乙醇制汽油

能源危机已成为当今凸显的问题，甲醇/乙醇可由生物质生产，而以甲醇/乙醇制汽油是解决能源危机的有效途径。

一、实验目的

1. 了解化学方法生产能源的方法。
2. 熟悉固定床反应器的操作控制。
3. 掌握甲醇/乙醇制汽油的方法。

二、实验原理

甲醇首先是在质子酸催化作用下进行脱水反应生成二甲醚（DME），之后DME进一步转化生成 $C_2 \sim C_5$ 的烯烃，然后 $C_2 \sim C_5$ 的烯烃在ZSM-5催化剂总酸性作用下，进一步进行择型转化反应，其中包含烯烃生成、烷基化、齐聚、芳构化、裂解以及歧化等反应，最后得到烷烃、烯烃和芳烃的混合物，即是典型的汽油组分。而乙醇结构与甲醇非常相似，可以发生相同的反应，类似的过程对于乙醇而言则是，首先是在质子酸催化剂作用下进行脱水反应，由于乙醇存在分子间脱水和分子内脱水两种可能性，反应温度较低时主要发生分子间脱水生成乙醚，而反应温度较高时则主要发生分子内脱水生成乙烯，所以最初阶段反应主要生成的是乙醚和乙烯的混合物，接下来乙醚和乙烯的混合物再进一步转化生成 $C_2 \sim C_5$ 的烯烃，然后 $C_2 \sim C_5$ 的烯烃在ZSM-5催化剂总酸性作用下，进一步进行择型转化反应，其中包含烯烃生成、烷基化、齐聚、芳构化、裂解以及歧化等反应，最后得到烷烃、烯烃和芳烃的混合物，同样是典型的汽油组分。

甲醇制汽油使用较多的工艺是MTG工艺，MTG工艺是指以甲醇作为原料，在一定的温度、压力和空速下，通过特定的催化剂进行脱水、低聚、异构等反应最终转化成为 $C_5 \sim C_{11}$ 的烃类油。

三、实验装置和流程

实验流程图如图2-13所示：

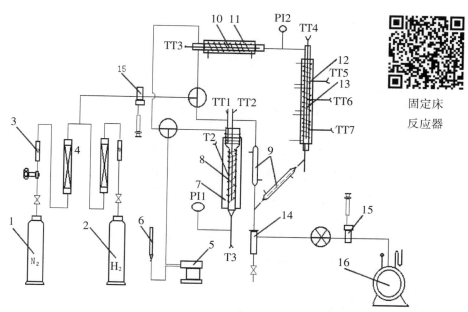

固定床
反应器

TT.热电偶；PI.压力计；1.氮气钢瓶；2.氢气钢瓶；3.转子流量计；4.干燥器；5.液体泵；6.进料管；7.反应炉；8.流化床反应器；9.冷凝器；10.预热炉；11.预热器；12.反应炉；13.固定床反应器；14.尾液收集器；15.取样器；16.湿式流量计

图 2-13　制汽油装置流程图

装置技术指标

固定床：

反应器内直径 20 mm；长度 730 mm；催化剂填装量 5～20 mL，3.0 g；

反应炉直径 220 mm；长度 650 mm；各段加热功率 1 kW；

预热器直径 10 mm；长度 250 mm；加热功率 0.5 kW。

实验试剂：

ZSM-5 沸石分子筛原粉：硅铝比 25∶1；浓硝酸；乙醇；硝酸铵。

四、实验步骤

1.实验准备

准备好原料乙醇，连接好柱塞计量泵的进料管线。将料液切换阀切换至固定床。

2.通冷却水

向固定床冷凝器中通入冷却水。

3.通电、设定加热温度

检查热电偶和加热电器接线是否正确。无误后开启电源总开关和分开关，此时控温仪表有温度数值显示出来，调节上、中、下段控温和预热控温设定温度至设定值，一般上、下段设定为同一温度，中段设定略高于上、下段（高出约 10 ℃），预热设定温度为

170 ℃，使乙醇汽化。

4. 加热

顺时针方向调节电流给定旋钮，电流表有电流指示表明已开始加热。电流给定值上、中、下段不超过 2 A（一般为 1.5 A），预热器不超过 1 A（一般为 0.5 A）。电流过大会烧毁炉丝。待温度显示仪测量温度达到反应温度时，通入反应介质，进入反应阶段。

5. 进料

首先设定进料速度单位为 mL/min。预先调节柱塞计量泵流量至设定进料速度。当测量温度达到反应温度时，开启计量泵，向反应器中通入反应介质，每次进料总量为 100 mL 乙醇。准确记录时间和湿式流量计的流量，反应结束后放掉尾液收集器中的尾液。

6. 改变温度

改变 5 次温度。调整上、中、下段设定温度，上、下段设定分别为 300 ℃、350 ℃、400 ℃、450 ℃、500 ℃，中段相应高出 10 ℃。重复上述步骤，取样分析数据。

7. 改变进料速度

改变进料速度 4 次，分别设为 1 mL/min、1.5 mL/min、2 mL/min、2.5 mL/min，重复上述实验过程。

8. 结束实验

反应完毕后，停止进料。继续加热 20 min，之后将各加热器电流调回 0 A，打开尾液收集器阀门，放掉尾液，停止通冷却水，关电源。

五、实验数据记录及处理

1. 记录进料速度为 1 mL/min 时各温度下反应的汽油产量、产生的气体量、反应产率。

表 2-13 　进料速度为 1 mL/min 各温度下反应情况

反应温/℃	300	350	400	450	500
汽油产/mL					
气体量/L					
反应产率/%					

根据表 2-13 中的反应产率与反应温度的数据作图。

2. 记录进料速度为 1.5 mL/min 时各温度下反应的汽油产量、产生的气体量、反应产率。

表 2-14 　进料速度为 1.5 mL/min 各温度下反应情况

反应温度/℃	300	350	400	450	500
汽油产量/mL					
气体量/L					
反应产率/%					

根据2-14中反应产率与反应温度的数据作图。

3.记录进料速度为2 mL/min时各温度下反应的汽油产量、产生的气体量、反应产率。

表2-15　进料速度为2 mL/min各温度下反应情况

反应温度/℃	300	350	400	450	500
汽油产量/mL					
气体量/L					
反应产率/%					

根据表2-15中反应产率与反应温度的数据作图。

4.记录进料速度为2.5 mL/min时各温度下反应的汽油产量、产生的气体量、反应产率。

表2-16　进料速度为2.5 mL/min各温度下反应情况

反应温度/℃	300	350	400	450	500
汽油产量/mL					
气体量/L					
反应产率/%					

根据表2-16中反应产率与反应温度的数据作图。

5.记录在反应温度为450 ℃时，各个进料速度所对应的反应产率（表2-17）。

表2-17　反应温度为450 ℃时下各个进料速度的反应产率

进料速度/mL·min⁻¹	1	1.5	2	2.5
反应产率/%				

六、思考题

1.可再生能源有哪些？相比较石油其优势体现在哪些方面？

2.简述甲醇的来源以及制备方法。

3.甲醇/乙醇制汽油的机理是什么？

实验八　微型反应器操作实验

乙烯和丙烯是重要的化工化合物，化工生产中的很多下游有机产品的生产都是以这两种化合物为基础。目前烯烃的生产技术主要是依靠石油裂解，基于石油资源的不可再生以及区域短缺等问题，因此利用资源丰富的甲醇制备烯烃受到科学界和工业界的极大重视。

一、实验目的

1.掌握微型反应器操作原理及操作方法。
2.掌握利用固定床反应器的一般操作方法。
3.掌握反应动力学和热力学参数的测量方法。

二、实验原理

利用甲醇制烯烃具有以下的反应特点：第一，反应过程中会释放大量的热量，在工艺设计中需要尤其重视；第二，一般选择具有择性功能的分子筛催化剂用来抑制高碳数的烃类或者芳香烃类化合物的形成；第三，需要抑制目标产物烯烃的二次反应。

甲醇制烯烃分为两类：第一类是目标产品是乙烯和丙烯的甲醇制烯烃过程（MTO反应）；另一类是目标产品是甲醇制丙烯的过程（MTP反应）。

目前研究的催化剂主要有两类：ZSM-5分子筛和SAPO类分子筛。ZSM-5分子筛是一直研究的一类甲醇制烯烃的分子筛，在没有金属修饰的ZSM-5分子筛催化剂中，一般是通过控制催化剂中的硅铝比来调节催化剂表面酸度，硅铝比增加会提高ZSM-5的酸度，进而有利于低碳烯烃的形成。在SAPO类分子筛中最具代表性的是SAPO-34分子筛，由于此类催化剂具有八元环构成的椭球形笼和三维孔道的结构，导致只有C_3以下的小分子等才可以进出孔道，其他如芳烃等不能进入，使得这类催化剂具有优良的择性能力。所以在此类催化剂下得到的产物在烯烃上具有很高的选择性，目前很多研究工作都是基于这种催化剂进行的。

本实验在具有固定床特性的微型反应器中利用可再生能源甲醇制备烯烃，引导学生在了解最新研究动态的基础上，应用已有的专业知识，积极开发新的技术。

三、实验装置与流程

1.实验装置如图2-14所示

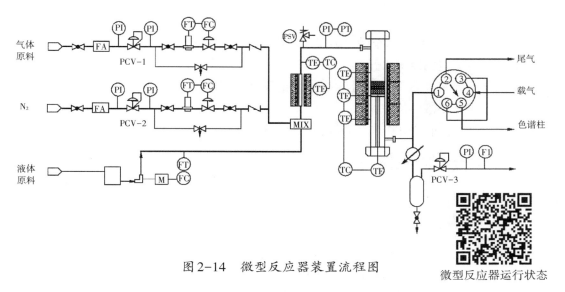

图2-14　微型反应器装置流程图

微型反应器运行状态

微型反应装置由反应器、预热器、气相进料组件（减压阀、流量调节阀、质量流量计、手动阀门）、液相进料组件（储液罐、计量泵）、冷凝分离组件（冷凝器、气液分离罐）、在线分析系统（六通取样阀、气相色谱）和控制系统（控制仪表、工控软件）等部分组成。采用固定床管式反应器，反应器直径20 mm，长度600 mm，中间段有催化剂支撑架，条形ZSM-5催化剂放置在支撑架上，催化剂装填量4～14 g，反应器采用三段电加热，加热温度0～450 ℃可控，催化剂床层装有热电偶温度计，用于测量反应温度。气体压力、进气速率、液体进料速率、加热温度都可通过控制仪表或工控软件设定和调节，数据自动采集。

2.实验流程

含有一定比例水的甲醇溶液通过液相进料组件进入反应器，氮气载气通过气相进料组件进入反应器。原料由计量泵调节流量后经过预热器汽化后，进入反应器上段升温，达到设定温度后在放置催化剂的中段发生反应，反应产物经过冷凝后进入气液分离罐，分离气相和液相产物。反应器压力通过调节载气压力和控制反应产物的出口压力来实现。进料后，观察进料速率、反应器催化段温度和压力，等反应物进入催化剂反应段后，开始计时，反应开始。产物可用气相色谱分析成分。

实验中选取的催化剂是ZSM-5分子筛。

四、实验步骤

1.配制不同浓度的甲醇/水比的溶液（4∶1、3∶1、2∶1、1∶1）。

2.将配制好的甲醇溶液加入液相进料组件。

3.在反应器内部装入8 g成型好的催化剂，将反应器装回原处，并检查气密性。

4.在控制面板上设置预热器、反应器上段、反应器中段、反应器下段温度（预热其温度设为120 ℃，反应器温度可在350～500 ℃之间调节，但是中段温度一般高于上、下段10 ℃）。

5.等到反应器温度升温至设定温度后，开始进料，并调节进料泵的流量为0.5 mL/min，并打开气液分离器的冷却水开关。

6.当流量计有读数时开始计时。分别记录湿式气体流量计的初始刻度和终了刻度，记录气液分离器中液体体积。

7.通过气相色谱仪分析气相和液相的组分和含量，每个温度下取样三次。

五、实验数据记录及处理

实验结果可参考以下公式处理：

乙烯的生成速率：

$$v_c = \frac{(V_1 - V_0) \times c\%}{t} \tag{2-29}$$

式中：$V_1 - V_0$是反应生成的总气相体积；

t是反应进行的时间。

甲醇的转化率：

$$C_{甲醇} = \left(1 - \frac{n_2}{n_1}\right) \times 100\% \tag{2-30}$$

式中：n_1是反应加入的甲醇物质的量（mol）；

n_2是反应剩余的甲醇物质的量（mol）。

生成乙烯的选择性：

$$S = \frac{n_3}{n_4} \times 100\% \tag{2-31}$$

式中：n_3是产物中乙烯中碳的物质的量（mol）；

n_4是气体产物中碳的物质的量（mol）。

$$n_4 = n_1 - n_2 \tag{2-32}$$

六、思考题

1.简述甲醇制乙烯的原理。

2.请描述ZSM-5类分子筛的结构特点，简述有哪些类型。

3.分析微型反应器在本实验中的优势和缺点。

实验九　高压溶液浸提法提取蒜氨酸实验

现代医学研究证实，以蒜氨酸为代表的含硫氨基酸具有独特的药理活性，在生物医药研究开发方面具有很大的作用，蒜氨酸引起了各国学者的高度重视。

一、实验目的

1. 了解天然有机物提取的常用方法。
2. 掌握采用加压溶剂法提取有机物的操作方法。
3. 掌握有机物的分离检测原理及方法。

二、实验原理

纯品蒜氨酸的提取技术条件非常苛刻，难度很大，并且其化学性质极不稳定，在捣碎破损的情况下极易和原料中的蒜氨酸酶结合转化成蒜素或是被氧化成为其他物质。

目前获得蒜氨酸的方法有化学合成法、细胞组织培养法和天然提取分离纯化方法。然而化学合成方法不仅存在化学污染，产品成本较高，而且与天然的蒜氨酸有较大区别。细胞组织培养法成本很高，且仅适用于实验室研究。国内外有关天然蒜氨酸分离纯化研究的报道较少，大多需要利用高温或者微波灭酶，之后再经过溶剂浸提，柱层析、重结晶提纯得到蒜氨酸纯品。然而，该法成本较高，提取率低，使用有机溶剂会造成溶剂残留，难以在医药中间体普遍应用。

蒜氨酸极易溶于水而不溶于纯的乙醇、丙酮等有机溶剂，但是在含水的乙醇和含水的丙酮中都有一定的溶解度。乙醇的成本和毒性远远小于丙酮，所以，本实验在高压釜中以纯乙醇为提取剂，考察不同压力、不同加压时间对蒜氨酸提取量的影响。

多糖检测使用墨式试剂，其检测原理如下：多糖类遇浓硫酸被水解成单糖，单糖被浓硫酸脱水闭环形成糠醛类化合物。在浓硫酸存在下与 α-萘酚发生酚醛缩合反应，形成紫红色缩合物。

氨基酸检测使用茚三酮试剂，其检测原理如下：茚三酮是一种用于检测氨或者一级胺和二级胺的试剂，当与这些游离胺反应时，能够产生深蓝色或者紫色的物质。

三、实验装置与流程

本实验提取部分在实验室级别的容量为 1 L 的高压釜中进行，装置流程图如图 2-15 所示：

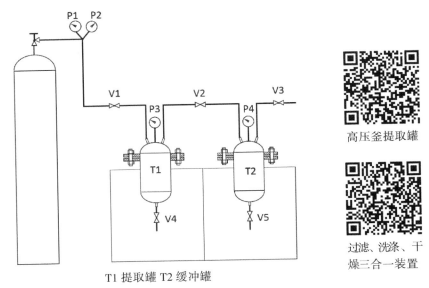

高压釜提取罐

过滤、洗涤、干燥三合一装置

图 2-15　实验装置流程图

四、实验步骤

1.检测试剂的配置

（1）多糖检测墨式试剂的配置：将 5 g α-萘酚溶于 200 mL 的 95% 乙醇中得到。

（2）氨基酸检测茚三酮溶液的配置：将 0.1 g 水和茚三酮溶于无水乙醇，用 50 mL 容量瓶定容。

2.原料预处理

将大蒜去皮，切成两半，洗净晾干。

3.加入物料

称量 200 g 预处理好的大蒜块放入高压釜中，倒入 400 mL 无水乙醇。

4.高压釜操作

将高压釜密封好，加压至 0.6 MPa，时间保持 2 h。

5.收集样品

每隔半个小时取出 2 mL，在 10000 r/min 转速下离心 15 min，取上清液分析是否含有糖分、氨基酸等。

6.处理提取液

将余下的提取液在氮气保护的条件下 50 ℃用旋转蒸发仪减压旋蒸（真空度为 0.08

MPa）去溶剂待用。

7.多糖的检测

接流出液样于试管中，加入墨式试剂混匀，用滴管吸取少量浓硫酸沿试管壁缓慢倾斜滴入，可观察到硫酸流到溶液下方，溶液明显分层，在分层面上可观察到有明显紫色光环即证明溶液含糖（呈阳性）；若分层面无紫色光圈则溶液不含糖（呈阴性）。

8.氨基酸的检测（TLC）

用玻璃毛细管在薄层色谱板上点样后吹干，用展开液展开，至前沿约 1 cm 时取出，吹干，蘸取茚三酮溶液，吹干后烘箱中 75 ℃烘干 10 分钟，观察斑点及斑点的显色情况。展开液比例为：V（正丁醇）：V（冰乙酸）：V(水)为 4：1：1。

9.蒜氨酸的检测

使用高效液相色谱（HPLC）来确定蒜氨酸的含量和产率。

五、数据处理

提取液中蒜氨酸的浓度需要用标准曲线来确定，一般选择蒜氨酸的标准样来做曲线，曲线图如图 2-16 所示：

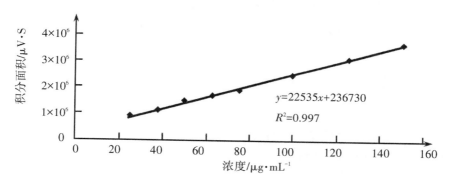

图 2-16　蒜氨酸标准曲线图

蒜氨酸提取率计算公式可参考下式：

$$提取率（mg/g）=\frac{提取液中蒜氨酸质量（mg）}{大蒜质量（g）} \tag{2-33}$$

六、注意事项

1.配置好的墨式试剂溶液要避光保存。
2.配置好的茚三酮溶液要避光保存。

七、思考题

1.天然有机物提取的方法都有那些？
2.超临界提取的优势体现在哪几个方面？

实验十　精油提取实验

亚临界流体就是指在温度高于其沸点但低于其临界温度，同时压力低于其临界压力的条件下，可以以流体形式存在的化合物。一般工业与实验中常用的亚临界萃取溶剂主要有丙烷、高纯度异丁烷、四氟乙烯、二甲醚和六氟化硫等化合物。亚临界流体萃取技术就是利用一种亚临界流体作为萃取溶剂，在一个密闭、无氧、低压的压力容器内，根据有机化合物彼此间相似相溶的原理，通过待萃取的原料与萃取溶剂在容器内浸泡，达到固体原料中的脂溶性成分转移到液态的萃取溶剂中，然后再通过减压蒸发的过程使萃取剂与萃取的产物完全分离，最终即可得到目的萃取产物的一种新型萃取与分离的技术。

一、实验目的

1.认识天然精油的制备流程。
2.熟悉亚临界法制备植物精油的过程。
3.掌握植物精油制备的一般方法。

二、实验原理

目前精油的常规提取方法是用石油醚、乙醇等有机溶剂或水溶液加热回流，传统的提取工艺有很多缺陷：

1.用沸点在室温以上的溶剂提取精油，有效成分会有一定的损失。如乙醇、石油醚、丙酮、二氯乙烷等有机溶剂或水溶液，这些溶剂虽具有较高的提取性能，但在室温下都是液体，需要连续加热回流，长时间浸取，特别是水溶液蒸煮，沸点太高，精油破坏严重。操作压力一般为常压或减压，常压或减压下，溶剂穿透植物细胞膜的能力有限，而精油一般在细胞质中，且植物具有致密的纤维组织，溶剂要穿透至植物内部，实属不易。因此，为提高提取率，需要粉碎植物组织，但粉碎粒度受设备限制，不可能过细，提取时间就要相应延长，而有些植物不易粉碎，如洋葱细胞组织一旦受到破坏，精油会被细胞液泡中所含的酶分解挥发，难以提取。

2.常规溶剂分离采用蒸发浓缩，不易得到高纯产品。目前溶剂分离大多采用旋转蒸发，由于提取物的量比较少，浓缩时不可避免地会产生溶剂残留，影响纯度和品质。

3.常规提取装置是玻璃仪器,不能承压。

为解决传统工艺的缺陷,本实验尝试了采用低沸点小分子有机溶剂的亚临界流体提取工艺。这种亚临界溶剂在室温下的密闭容器中,蒸发自增压即可使压力升高。常压下沸点-10~-30 ℃的溶剂,在室温下压力即可达1~1.6 MPa。处于亚临界状态的溶剂分子能量增加,黏度减小,以液相形式渗透至细胞内部,精油溶于溶剂中,由于浓度差扩散出来,在减压释放时,溶剂挥发,体积增大,膨胀将细胞胀破,细胞质外流,精油溢出至溶剂中,有利于提取。由于低温溶剂在常温常压下迅速挥发,不需加热蒸发,溶剂残留几乎为零,能得到高纯度产品。

亚临界溶剂提取有一定压力,提取装置必须能够承受1.6 MPa的压力,因此要用不锈钢材料。低温溶剂提取完后挥发成气态,用压缩机加压后冷凝成液态,循环再用。溶剂回收容易、彻底,不会对环境造成污染。

三、实验装置与流程

提取工艺技术路线如图2-17所示,流程图如图2-18所示。

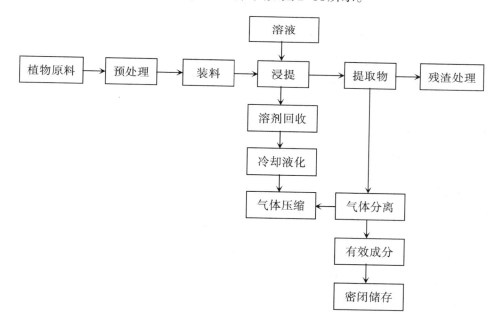

图2-17　植物精油提取技术路线

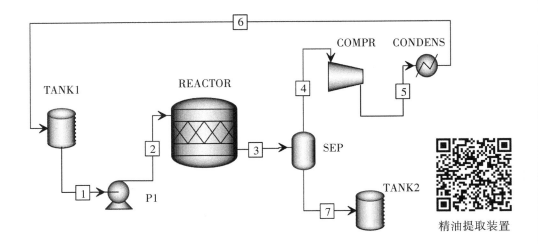

TANK1.液化罐；P1.泵；REACTOR.提取罐；SEP.分离罐；COMPR.压缩机；CONDENS.冷凝器；TANK2.产品储罐。

图 2-18　植物精油提取工艺流程图

低温溶剂加入液化罐 TANK1 中，用泵 P1 或自身压力加入提取罐 REACTOR 中，提取液排出至分离罐 SEP 中，溶剂挥发，用压缩机 COMPR 加压至 1~1.6 MPa，用冷凝器 CONDENS 冷却成液体，加入液化罐中重复使用。精油在分离罐下部排出至产品储罐 TANK2 中。

通过改变提取溶剂、温度、时间、次数等进行其他植物精油及有效物质的提取实验。

四、实验步骤

1.原料预处理

实验采用甘肃苦水玫瑰去梗去芯的纯花瓣，每次加入 100 g。

2.浸提、分离

将原料装入提取罐中，加入溶剂（R134a）420 g，冷却夹套中通冷却介质，控制适当的温度和压力，在超声振荡下浸提，30 min 后，排出提取液至分离罐，减压，气液分离，溶剂挥发，用压缩机加压，水冷却液化，装入液化罐，再加入提取罐中重复提取，提取次数根据植物特性而定。

3.条件控制

实验中可改变的温度为 30 ℃、35 ℃、40 ℃、45 ℃、50 ℃；提取时间为 0.5 h、1.0 h、1.5 h、2.0 h、2.5 h；循环提取次数分别为 3 次、6 次、9 次、12 次、15 次。

4.精油储存

有些精油在空气或水中不稳定，容易氧化变质。用氮气保护储存或溶剂保护储存，能长期保持生物活性。

五、数据处理

实验得到的玫瑰粗油的提取率可参考以下公式：

$$玫瑰粗油提取率 = \frac{玫瑰粗油的质量}{玫瑰花的质量} \times 100\% \qquad (2-34)$$

六、思考题

1.论述超临界和亚临界法提取有效成分的区别。

2.利用亚临界法都可以对哪些精油进行提取？

实验十一　分子蒸馏实验

分子蒸馏技术主要应用于高沸点和热敏性及易氧化物料的分离，如石油化工、塑料工业、食品工业、医药工业、香料工业等方面。尤其是对于处理天然精油，脱臭、脱色、提高纯度，使天然香料（如桂皮油、玫瑰油、香根油、香茅油、山苍子油等）的品位大大提高。

一、实验目的

1.了解分子蒸馏的原理。

2.掌握分子蒸馏设备的操作。

二、实验原理

香料类物质提纯的一般工序如下所述：由于该类物质挥发性强，热敏性高，所以其共同的工艺要求是脱臭、脱色及纯化。一般可采用三级分子蒸馏来实现，第一级脱气处理，第二级脱臭或纯化，第三级脱色或纯化。如：

```
            ┌→产品 1
玫瑰油→第一级（脱气）→第二级→产品 2
            └→蒸余物→第三级→产品 2
                    └→渣
```

通过上述处理，可解决香味不好、颜色深及蜡含量高等问题，使产品的附加值大大提高。

任意一种分子在运动过程中都具有不断变化的自由程。将在某时间间隔内自由程的平均值称为平均自由程。分子的平均自由程由下式表示：

$$\lambda_m = \frac{KT}{\sqrt{2}} \cdot \frac{1}{\pi d^2 P} \qquad (2\text{-}35)$$

其中：λ_m 为分子的平均自由程；

d 为分子有效直径；

P 为分子所处空间的压强；

T 为分子所处环境的温度；

K 为波尔兹曼常数。

由分子平均自由程的公式可以看出，不同种类的分子，由于其分子有效直径不同，其平均自由程也不同，换句话说，不同种类的分子溢出液面后不与其他分子碰撞的飞行距离是不同的。

分子蒸馏技术正是利用不同种类分子溢出液面后平均自由程不同的性质实现的。轻分子的平均自由程大，重分子的平均自由程小，若在离液面小于轻分子的平均自由程而大于重分子平均自由程处设置一冷凝面，使得轻分子落在冷凝面上被冷凝，而重分子因达不到冷凝面而返回原来液面，这样混合物就分离了。原理如图2-19所示。

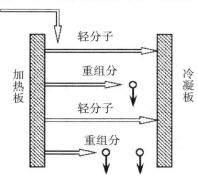

图2-19　分子蒸馏原理图

但是对于许多物料，至今还没有可供实际应用的数学模型来准确地描述。

分子蒸馏中的变量参数，实际的应用仍靠经验的总结。由经验从各种规格蒸发器中获得的蒸发条件，可以安全地推广到生产装置的设计中。

三、装置与流程

分子蒸馏设备的主要组成包括进料系统、分子蒸馏器、馏分收集系统、加热系统、冷却系统、真空系统和控制系统等六部分，其大体的工艺流程如图2-20所示。一般情况下为了保证分离过程所需要的真空度维持稳定，大多会采用二级或二级以上的真空泵联用的方法，同时设置以液氮填充的冷肼来保护真空泵不被体系中易挥发物质污染，以免影响其使用性能。在分子蒸馏的整套装备中分子蒸馏器是最为核心的部分，而分子蒸馏设备的发展一般也都是主要体现在对分子蒸馏器的改进上。根据其成膜方式的不同分子蒸馏器有降膜式、刮膜式、刮板式、离心式等类型。图2-21是本实验采用的刮膜式分子蒸馏器的装置流程，图2-22是本实验采用的刮膜式分子蒸馏器的结构。

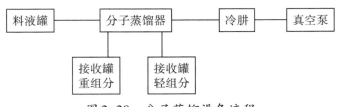

图2-20　分子蒸馏设备流程

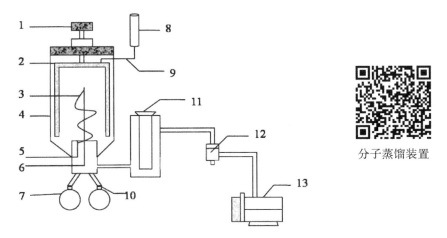

分子蒸馏装置

1.刮膜板马达；2.加热夹套；3.冷凝管；4.刮膜板；5.冷凝水出口；6.冷凝水入口；7.重组分出口；
8.进料瓶；9.进料速率调节器；10.轻组分出口；11.冷肼；12.扩散泵；13.旋片泵

图2-21　分子蒸馏装置流程

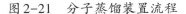
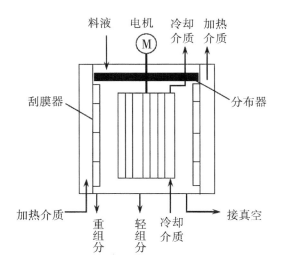

图2-22　刮膜式分子蒸馏器设备结构

四、实验步骤

（一）开启过程

1.将液体物料灌入进料瓶中。

2.在玻璃冷阱中注入冷却剂。

3.逐渐打开冷凝器的水，一般适中压力即可。

4.按照真空泵操作流程启动真空系统。

5.打开蒸馏器身的加热系统并逐步升至所需温度。

6.进行进料瓶内的脱气处理。

7.在少量液体物料进入蒸发室后，即刻启动蒸馏器电动机，将电动机速度设定在所需位置。通过改变进料流速、真空度、温度和驱动器速度来改变蒸馏率。

（二）关闭过程

1.关闭蒸馏器的驱动器。

2.关闭进料脱气瓶上的计量阀。

3.关闭内置和外置冷凝器的冷却水。

4.如果加热系统启动的话，关闭蒸馏器身的加热系统和进料脱气瓶的加热系统。

5.关闭真空泵。

6.取出剩余物和蒸馏物，清洗蒸馏器。

五、数据处理

在使用玫瑰粗油作为分离原料时，其操作条件可参考表2-15：

表2-18　实验参数表

蒸馏温度/℃	蒸馏压力/Pa	进料速度/mL·min⁻¹	刮膜转速/r·min⁻¹
60	20	0.5	9
65	25	1.0	18
70	30	1.5	27
75	35	2.0	36
80	40	2.5	45

精油的得率可参考下式：

$$精油得率 = \frac{轻组分瓶中收集到的精油质量}{分离所用的粗油质量} \times 100\% \qquad (2-36)$$

$$精油总得率 = \frac{分离后得到的精油总质量}{所用原料质量} \times 100\% \qquad (2-37)$$

六、注意事项

1.如果蒸馏器的关机是为了取出产品并在进料瓶中重新加入同样的物料进行下一次操作，把温度降到一个安全的水平会是更好的做法，这样在启动时可以更快地达到工作温度。

2.泵关闭后真空度会慢慢变小。在真空下接收瓶、塞子等很难卸掉，可慢慢打开一个阀门泄掉真空，比如控制真空度的黑色旋阀、冷阱底部和进料瓶塞子上的玻璃旋塞阀，可以把它打开与大气连通。如果猛烈地、突然地泄除系统内的真空，有可能导致真空感应器受损。

七、思考题

1.分子蒸馏与一般蒸馏的区别有哪些？有哪些优点？

2.分子蒸馏设备可根据结构分为哪几个类型？

实验十二　酯交换——生物柴油的制备实验

生物柴油作为一种可以代替石化柴油的可再生能源，对其研究和开发就显得非常重要。利用可再生的植物和动物油脂通过酯交换反应来制备生物柴油就是本实验的主要任务。

一、实验目的

1.了解酯交换反应的反应原理。
2.掌握生物柴油的制备方法。

二、实验原理

生物柴油是以动植物油脂、微生物油脂等油脂为原料，通过与甲醇等短链醇进行酯交换反应而生成的脂肪酸短链醇酯。生物柴油的化学组成包括 C、H、O 三种元素，主要成分是软脂酸、棕榈酸、硬脂酸、油酸、亚油酸等长链饱和与不饱和脂肪酸与甲醇等短链醇形成的脂肪酸酯。通过性质比较可以发现，生物柴油性能与 0$^{\#}$ 柴油相近，可以替代 0$^{\#}$ 柴油，用于各种动力设备。其热值约4.2万 J/kg，能以任意比例与 0$^{\#}$ 柴油混合，且无须对现有发动机进行改装。

目前，国内外生物柴油生产工艺主要以化学法为主，油脂和甲醇进行酯交换反应制得脂肪酸甲酯，以碱或酸作为催化剂。反应方程如下：

$$
\begin{array}{l}
CH_2CO_2R_1 \\
| \\
CHCO_2R_2 + 3CH_3OH \rightarrow C_3H_5(OH)_3 + R_1CO_2H_3 + R_2CO_2CH_3 + R_3CO_2CH_3 \\
| \\
CH_2CO_2R_3
\end{array}
\qquad (2\text{-}38)
$$

化学法在当前有许多不同的成熟工艺，例如美国的 US Biodiesel Industrie 工艺、德国的 Henkel 和 Lurgi 工艺、加拿大的 BIOX 工艺、法国的 Esterfip-H 工艺等。US Biodiesel Industrie 工艺的主要原料是三甘酯，在大气压下，温度为60~70 ℃时，与过量的甲醇在碱或酸催化剂（H$_2$SO$_4$、KOH、甲醇钠）存在的条件下，进行多次转酯化反应得到。Henkle 工艺的条件是在压力为9~10 MPa，温度220~240 ℃范围内进行，醇解反应器是三个空塔，油脂与甲醇比例为1∶0.8，催化剂为甲醇钠，三甘酯的转化率接近100%。该方法高温高压，适合于处理酸值较高的油脂，并能够得到高浓度的甘油。但操作条件比较苛刻，设备投资比较高，因此不适用于小规模的生产装置，而对于大规模的连续化生产，该工艺具有竞争力。Lurgi工艺在常压下操作，采用两级连续酯交换工艺，原料油要求较高，精炼的植物油和甲醇在两步混合器–沉降器中，催化剂甲醇钠和甲醇预先混合，然后将油脂和甲醇的混合液用泵打入一级酯交换反应器，分离甘油后的混合物进入二级反应器，补充甲醇和催化剂继续反应，然后反应液进入沉降槽分离，副产物甘油溶解在过量的甲醇中，在精馏塔得到回收利用，分离后的粗甲酯水洗后得到生物柴油，甲酯还可通过蒸馏进一步净化。超临界法不需要催化剂，温度在甲醇的临界温度239℃以上，具有反应时间短、无污染物、生物柴油转化率高等优点，但需高温高压，且设备投资大，一般不易实现工业化。

样品生成的甘油可用高碘酸氧化法来确定，其测量原理如下：

在弱酸性介质中，高碘酸能定量地氧化位于相邻碳原子上的羟基。氧化结果是使碳链断裂，生成相应的羰基化合物和羧酸。一元醇或羟基不在相邻碳原子上的多羟醇等均不被氧化。其反应可用下列通式表示：

$$CH_2OH(CHOH)_nCH_2OH+(n+1)HIO_4=2HCHO+nHCOOH+(n+1)HIO_3+H_2O \qquad (2-39)$$

一般在试样中加入过量的高碘酸，氧化反应完全后，加入碘化钾溶液，剩余的高碘酸和反应生成的碘酸被还原析出碘，用硫代硫酸钠标准溶液滴定，同时做空白实验，由空白滴定与试样滴定之差值即可算出试样中α-多羟醇含量。

三、实验装置及流程

实验流程图如图2-23所示：

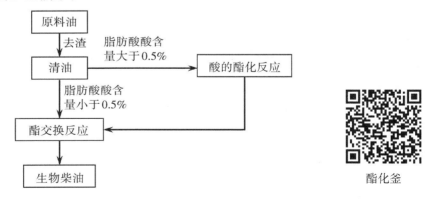

图2-23　酯化流程图

四、实验步骤

1.除渣

对于杂质含量较多的原料油需要进行过滤除渣处理，得到洁净无渣的清油。

2.确定脂肪酸含量

使用0.1 mol/L的KOH标准溶液滴定，使用酚酞作为指示剂，平行滴定三次，取平均值，确定其中的脂肪酸含量。

3.酯交换反应

使用NaOH作为催化剂，将其溶解在甲醇中，加入一定配比的处理过的清油（甲醇要过量），温度在35～50 ℃之间搅拌反应。反应时间为30 min，反应过程中不断地观察甲醇和清油的混合情况，保证混合均匀。反应完成后静置，取上层的溶液进行分析。

4.测定制备的生物柴油中的自由甘油和总甘油含量

（1）空白实验

将25 mL高碘酸加入50 mL蒸馏水中，加入10 mL的KI溶液，稀释至125 mL。用标准$Na_2S_2O_3$溶液滴定，当橘红色快要褪去时，加入2 mL淀粉指示剂，到蓝色消失。

（2）自由甘油含量测定

取2 g制备的生物柴油，加入9 mL二氯甲烷和50 mL水，充分搅拌，在分液漏斗中静置。将下层水层取出，加入25 mL高碘酸，充分摇匀，避光放置30 min。加入10 mL的KI溶液，稀释至125 mL，用标准$Na_2S_2O_3$溶液滴定，当橘红色快要褪去时，加入2 mL淀粉指示剂，到蓝色消失。

（3）总甘油含量的测定

取制备好的生物柴油5 g和15 mL由95%乙醇配制的0.7 mol/L的KOH溶液加入烧瓶中，回流操作30 min。用5 mL的蒸馏水将冷凝管内壁的残留洗涤，收集洗涤液至反应液中。在反应液中加入9 mL的二氯甲烷和2.5 mL的冰醋酸。在分液漏斗中分离出所有的水相，加入10 mL的KI溶液，稀释至125 mL。用标准$Na_2S_2O_3$溶液滴定，当橘红色快要褪去时，加入2 mL淀粉指示剂，到蓝色消失。

五、实验数据处理

产物中各项指标计算可参考下面的公式：

1.生物柴油的产率 $= \dfrac{\text{得到的产品质量}}{\text{加入的原料油质量}} \times 100\%$ 　　　　(2-40)

2.自由脂肪酸含量 $= \dfrac{C \times V \times M}{m} \times 100\%$ 　　　　(2-41)

式中：C是KOH标准溶液的浓度；

　　　V是消耗的KOH标准溶液的体积；

　　　M为油酸的摩尔质量，282.47 g/mol；

　　　m为加入原料油的质量。

3.游离甘油、总甘油的质量分数：

甘油（%）$= \dfrac{(V_0 - V) \times C \times M}{W \times 4 \times 1000} \times 100$ 　　　　(2-42)

式中：V_0 是空白实验消耗的 $Na_2S_2O_3$ 溶液体积，mL；

V 是样品消耗的 $Na_2S_2O_3$ 溶液体积，mL；

C 是 $Na_2S_2O_3$ 溶液的标准浓度，mol/L；M 是甘油的摩尔质量，92.09 g/mol；

W 为取样量。

六、注意事项

1.在加入高碘酸后溶液需要避光放置。

2.称量样品和滴定时需要重复，以保证最大限度地降低误差。

七、思考题

1.简述工业上生物柴油的制备工艺。

2.在制备生物柴油时一般需要先测量原料油的脂肪酸含量，为什么？

第三部分　专业实践指导

专业实践指导是针对学生下工厂前对学生进行的常见的化工工艺的培训,通过在计算机上的指导和练习,使学生能够对大型的工艺流程进行了解和练习,为以后的工作打下基础。本专业的专业实践指导是在大四学生做专业实验时根据情况开设一定数量的模拟仿真流程实验,培养学生在大型工艺流程中的操作能力和协调分工能力。

第一节 仿真技术在实践教学中的作用

一、仿真技术在化学工程与工艺实践教学中的应用

化学是一门实验的学科，化学工程与工艺专业更是倾向于培养能用于生产实践的专业型人才，企业一般对学生的实际操作能力要求高，所以化工专业的实践教学就显得非常重要。一般的实践教学是将学生放到工厂进行，但是现阶段化工厂生产过程自动化程度非常高，化学工程与工艺专业的学生在化工厂实习的过程中除非遇到工厂停产检修，否则很少能接触到流程的开车、停车过程，同时由于现代工厂自动化程度高使得学生在实习过程中不能直接观察到生产的过程，而且出于安全考虑，工厂不会太多地让学生到厂区现场观察设备，所以学生在工厂实习过程中看到和学到的内容很有限，动手的机会也非常少。而故障产生的不可重复性等因素导致学生缺乏在实际过程中准确判断故障点以及快速解决的能力，所以在工厂实习的过程中达不到应有的学习效果。为了解决这些问题，近年来仿真实验在各个高校被广泛地应用。通过仿真技术在化工实验中的应用，将化工过程操作的现场集成到计算机上，避免了化工过程操作的不可重复性，实现了学生对操作单元及工艺流程的反复训练及熟悉的教学目的。

本校化工实验室在20世纪90年代和2008年分别购进了由北京化工大学吴重光和东方仿真开发的化工仿真软件，同时分别开设了基础仿真实验和综合仿真实验。基础仿真实验是开设在化工基础实验中，配合装置实验开设，通过装置实验将基本操作单元的原理、公式熟悉理解，再通过仿真对流程反复操作，达到对该单元理解透彻并熟练操作的目的。综合仿真实验是在学生大四实习前期开设，作为学生实习前的热身，让学生通过对大型生产流程的熟悉，真实感觉化工厂实际生产的过程。

由于综合实验的工艺流程相对较长，所以教师在教学中教学方法需要适当改变，教师在讲授时可以只针对工艺的大概流程及各操作要点进行讲解，结合提问让学生先熟悉整个流程。由于操作过程参数多，控制复杂，所以在学生操作过程中教师需要随时对学生进行指导。

比如，在甲醇精制仿真实验中，由于流程设备多（3+1塔），包括预塔、加压塔、常压塔及甲醇回收塔，流程相对较长，教师在讲授实验时需要将各个塔的作用及塔的物料流向学生讲授，然后指导学生按顺序开车。在开车过程中，教师需要向学生强调各个塔

的主要参数（包括塔釜温度、液位及压力等参数），还要注意提醒学生操作点的位置以免学生混淆。正常操作过程是让学生在开车的基础上逐渐将各个参数调整至正常。所以在此步操作中，学生可以充分应用自己所学的知识来判断、研究各个参数的变化关系，对流程做进一步了解。软件中的扣分步骤可使学生对重要参数加深印象，提高学生操作的谨慎性。等到学生将整个工艺流程全部参数通过自己的努力调整合适后，再由教师指导按步骤进行停车。

二、实践成绩评定方法

流程模拟实验成绩的评定包括预习评定、实际操作、结果讨论三部分。在预习评定部分主要是考查学生对整个流程以及基本工艺原理的理解程度，可以通过随机提问的形式来考查，而不能光看其预习报告，避免学生只是单纯地摘抄讲义。实际操作部分的评定可以结合教师指令站的操作成绩和学生实际操作情况来综合考察，既可避免学生为了高分不管流程原理，也可避免学生害怕出错不敢操作的情况发生，培养学生胆大心细、遇事不慌、有条不紊地进行实验。实验结果讨论部分主要是通过纸质版的实践实验报告实现。报告包括工艺原理、装置流程图等。弱化步骤描述，强调实验结果讨论，鼓励学生写出自己的实验心得及对此次实验的意见及建议。总成绩按照百分制给出，由以下三部分成绩构成：

（1）预习评定（20%）

要求学生不能单纯地摘抄讲义，而是应该根据自己的理解给出简洁、明了的操作计划，可根据教师讲授时的随机提问来抽查学生对工艺原理和流程的理解。这部分成绩通过学生提交的预习报告与随机提问结果两部分综合给出。

（2）实际操作（40%）

由于考查的是仿真实验操作，所以在实际操作这部分，成绩可以由学生实际操作时质量评分系统给出的操作步骤分值，结合学生在操作过程中遇到的实际情况（比如某学生在操作时急于求成导致的系统损坏或者学生对某一参量或流程提出的更好操作建议而给出的适当的减分或加分）而具体给出。

（3）实验结果讨论（40%）

在实验结束后，要求学生提交实验实践报告，报告包括此次实验的流程图、实验的操作要点以及学生对本实验的理解心得等。学生在计算机上操作时通过记录数据生成了包含实验数据的实训报告，报告反映了学生此次操作的工序、流程的稳定性。结合这两个报告给出学生最后的实验结果讨论的分值。

第二节 仿真实验系统操作概要

一、化工生产过程与仿真培训过程

化工仿真模拟软件是在实际生产的基础上，通过建立动态模型模拟生产过程的，在操作方式和状态显示以及画面布局等设计上都与真实的装置操作环境相同。所以仿真过程和实际生产过程有许多相似的部分，如仿真软件中的"仿控制室"就是模拟实际生产中的控制室的，在实际生产中控制室被称为"内操"，通过DCS对装置进行操作和控制。仿真软件中的DCS界面就是模拟了实际生产中的界面，通过对生产过程中的化学和物理变化的模拟计算将生产中的工艺指标反馈到仿控制室。学生在对生产信息进行分析后做出判断并进行下一步的操作。

同时，为了弥补工厂中"外操"的缺失，在仿真软件中还设计了"装置现场图"，在现场图中可以进行工厂中的生产准备性操作、现场阀的操作等非连续性操作。

为了使模拟过程更加真实，可通过教师机给学生加上人为的干扰和事故。一般来说，施加的是由于设备仪表损坏而导致的生产工艺指标超标的事故。通过事故的施加可对学生的应变能力和事故处理能力进行培养。

二、仿真软件操作

本校现阶段实习仿真软件大部分采用的是东方仿真公司开发的流程模拟软件，该软件的操作分为教师指令站和学员站的操作。教师指令站可以进行的操作有：培训方式的设定操作、对所有学员站的运行状态进行监视、对学员站发放控制指令、对各个学员站进行授权。教师站操控画面如图3-1所示。

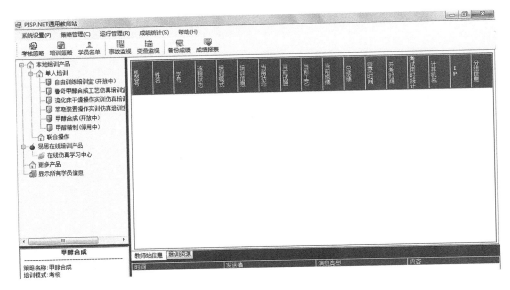

图 3-1　教师站控制画面

现将学员站上的操作详细介绍，以供学生在操作前进行预习和训练。

(一) 学员站启动

在桌面或者开始菜单中找到"东方仿真"的启动图标，选择需要训练的工艺流程，就可以开启仿真的学员端软件，启动后即进入相应的启动窗口，如图 3-2 所示。在启动窗口中可以输入使用本台电脑的学生姓名和学号，以便教师机记录成绩。启动窗口中的机器号一般是系统自动检测的，不需要修改。需要修改的是"教师指令站地址"，如果仿真实验室采用的集线器连接的局域网，教师站的 IP 地址一般是固定的；如果连接的是因特网，在实验前需要确定教师站的 IP 地址（在教师站的控制画面的左下角可以找到），将与教师站一致的 IP 地址输入启动界面，才能通过认证授权。启动窗口右面可以选择培训模式，自由练习时可以选择单机练习模式，需要进入教师设立的试卷内容进行考核时可以选择局域网模式。

图 3-2　学员站启动窗口

（二）学员站单机练习模式的相关操作

在选择了"单机练习"模式后，系统就会进入培训参数选择窗口，如图3-3所示。在此界面可以进行培训工艺的选择，可根据实验要求选择合适的培训工艺。

图3-3　学员站培训工艺选择窗口

在"培训项目"中可以选择某一工艺流程中相对应的操作阶段，如"尿素工艺仿真"中可以选择"冷态开车""正常工况""正常停车"等操作，如图3-4所示。

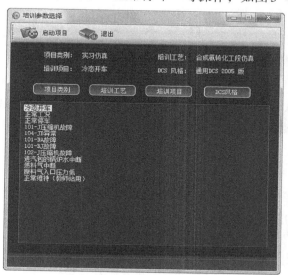

图3-4　培训项目选择窗口

选择好培训项目后可以选择培训风格，如"通用DCS 2005版""TDC 3000风格""IA风格"等。在培训时一般选择DCS风格（图3-5），选择后双击或者点击"启动项目"即可进入仿真操作界面。

图3-5　DCS风格选择窗口

（三）学员站局域网模式的相关操作

一般来说，学生自由练习完成后要进行模拟考核，这时需要学生自主退出或者由教师机强制退出自由练习模式，进入局域网模式进行考核。进入局域网模式只需要在软件启动窗口选择"局域网模式"，点击进入即可。成功通过验证后，学员即可进入教室选择窗口（如图3-6），教室选择窗口中的培训教室是由教师在教师站上的设置生成的，可以开放一个或者多个教室以供进行不同培训内容的学生使用。

图3-6　局域网教室选择窗口

学生根据需要进行的培训内容选择相应的培训教室，点击"连接"按钮进入"确认登录信息"界面，如图3-7所示。

图3-7　确定登录信息窗口

如果选择的是教师站设定好的进行考核的教室，点击"确定"后就会进入设置好的第一道试题，比如在"甲醇合成"工艺流程的培训中，第一题是"冷态开车"项目，如图3-8所示，进入后会提示学生正在进行的考核内容。考核时间是由教师站设定。

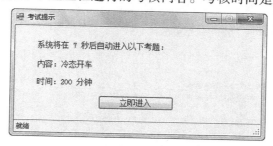

图3-8　考核模式下确认考核项目窗口

（四）学员站功能操作演示

下面以"甲醇合成"工艺流程的培训为例来说明学员站可以进行的相关操作。

1."工艺"工具栏的操作

在学员单机模式下可以在"工艺"栏（图3-9）里进行"当前信息总览""重做当前任务""切换工艺内容"等操作。其中最实用的是"进度存盘"和"进度重演"功能，由于流程模拟仿真进行的时间比较长，中间学生有事情需要暂停或者中断时可以将进度进行存盘，或者"系统冻结"。

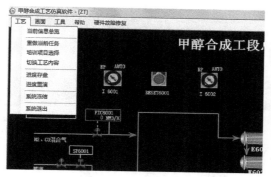

图3-9　学员机单机模式工艺菜单

进度存盘时跳出的画面如图3-10所示，可以根据实际情况将其使用合适的名称保存在合适的位置。下次需要继续进行培训时可根据存储的位置将所需训练的工艺流程状态调出，点击"进度重演"即可进入，如图3-11所示。

如果在局域网考核模式下，"文件"工具栏中可以选择直接进入"下一题"或者"提前交卷"，如图3-12所示。

图 3-10 学员机单机模式存盘窗口

图 3-11 学员机单机模式存盘数据读出窗口

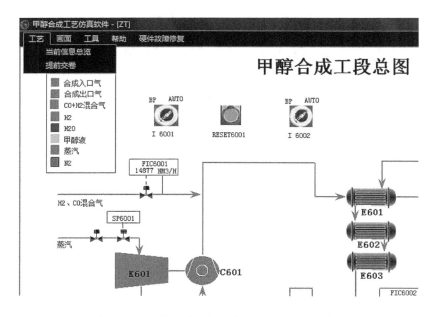

图 3-12 考核模式下的"工艺"工具栏

3."画面"工具栏

在"画面"工具栏中可以单独调出某一个"流程画面"、各个"控制组画面"、"趋势画面"以及"报警画面"等，图3-13调出的是"甲醇合成工艺流程"的流量控制组画面。调出的控制组画面可以更加集中方便地观察各个参数变化的情况。

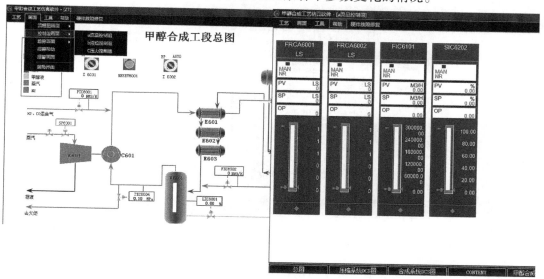

图3-13 学员站的"画面"工具栏

4."工具"菜单

在单机模式训练下学员可通过"工具"菜单自主调节培训的时标，如图3-14所示，需要提高训练速度可选择大于100%的时标，需要降低训练速度可选择小于100%的时标。

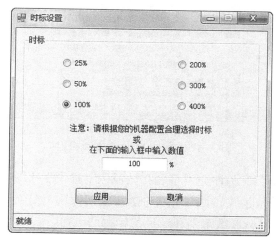

图3-14 学员机单机模式时标配置窗口

5.质量评分系统

在单机练习和局域网开卷模式下，在学员机上可以看到"质量评分系统"，在质量评分系统中可以看到流程操作的步骤以及得分情况。在"文件"工具栏里可以将得分和成绩单进行保存或者打印，如图3-15所示。学员成绩单如图3-16所示。

图3-15　学员机质量评分窗口

学员成绩单			
百分制得分：0.00			
其中			
普通步骤操作得分：0.00			
质量步骤操作得分：0.00			
趋势步骤操作得分：0.00			
操作失误导致扣分：0.00			
以下为各过程操作明细：	应得	实得	操作步骤说明
系统置换：过程正在评分	100.00	0.00	该过程历时597秒
步骤结束：操作正确	0.00	0.00	确认V602液位调节阀LIC6001的前阀VD6005关闭
步骤结束：操作正确	0.00	0.00	确认V602液位调节阀LIC6001的后阀VD6006关闭
步骤结束：操作正确	0.00	0.00	确认V602液位调节阀LIC6001的旁路阀VA6003关闭
	10.00	0.00	缓慢开启低压N2入口阀VA6008
	10.00	0.00	开启PIC6004前阀VD6003
	10.00	0.00	开启PIC6004后阀VD6004

图3-16　学员成绩单显示窗口

在每一个步骤前面会显示评分类型和扣分原因，如图3-17所示。双击每一个步骤，可以得到该步骤的"质量步骤属性"和"普通步骤属性"，如图3-18、图3-19所示，调节时可以了解该步骤的得分参数范围和满足条件。

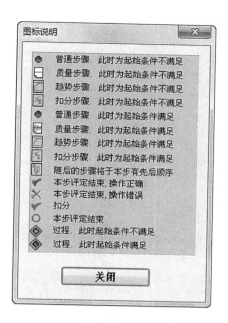

图 3-17　质量评分图标说明

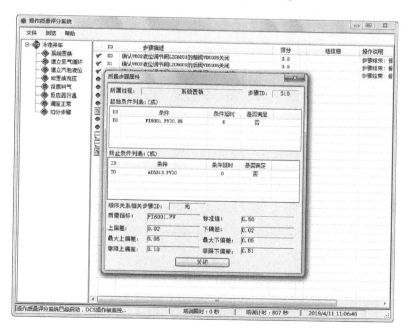

图 3-18　质量步骤属性窗口

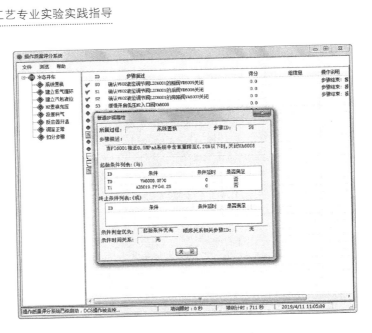

图 3-19　普通步骤属性窗口

第三节　流程仿真实验

实验一　甲醇合成仿真实验

一、实验目的

了解低压甲醇合成装置甲醇合成工段的操作流程及各工段操作和控制要点。

二、甲醇合成原理及合成方法

甲醇生产的总流程长，工艺复杂。甲醇的合成是在高温、高压、催化剂存在下进行的，是典型的复合气-固相催化反应过程。随着甲醇合成催化剂技术的不断发展，目前总的趋势是由高压向低、中压发展。ICI低压甲醇法为英国ICI公司在1966年研究成功的甲醇生产方法。这种甲醇的合成方法采用51-1型铜基催化剂，合成压力5 MPa。ICI法所用的合成塔为热壁多段冷激式，结构简单，每段催化剂层上部装有菱形冷激气分配器，使冷激气均匀地进入催化剂层，用以调节塔内温度。此方法采用的是一氧化碳、二氧化碳加压催化氢化法合成甲醇，在合成塔内主要发生的反应是：

$$CO_2 + 3H_2 \rightleftharpoons CH_3OH + H_2O + 49 \text{ kJ/mol} \tag{3-1}$$

$$CO + H_2O \rightleftharpoons CO_2 + H_2 + 41 \text{ kJ/mol} \tag{3-2}$$

两式合并后即可得出CO生成CH_3OH的反应式：

$$CO + 2H_2 \rightleftharpoons CH_3OH + 90 \text{ kJ/mol} \tag{3-3}$$

三、实验流程控制要点及控制方法

合成甲醇流程的控制有三个重点，分别是反应器的温度、系统压力以及合成原料气在反应器入口处各组分的含量。图3-20是甲醇合成流程示意图。

反应器的温度主要是通过汽包来调节，如果反应器的温度较高并且升温速度较快，这时应将汽包蒸汽出口开大，增加蒸汽采出量，同时降低汽包压力，使反应器温度降低或温升速度变小；如果反应器的温度较低并且升温速度较慢，这时应将汽包蒸汽出口关小，减少蒸汽采出量，慢慢升高汽包压力，使反应器温度升高或温降速度变小；如果反应器温度仍然偏低或温降速度较大，可通过开启开工喷射器 X601 来调节。

系统压力的调节可以通过混合气入口量 FRCA6001、H_2 入口量 FRCA6002、放空量 FRCA6004 以及甲醇在分离罐中的冷凝量来控制；在原料气进入反应塔前有一安全阀（SV6001），当系统压力高于 5.7 MPa 时，安全阀会自动打开，当系统压力降回 5.7 MPa 以下时，安全阀自动关闭，从而保证系统压力不至过高。

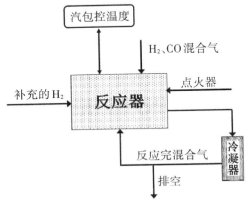

图 3-20　甲醇合成流程示意图

合成原料气在反应器入口处各组分的含量是通过混合气入口量 FRCA6001、H_2 入口量 FRCA6002 以及循环量来控制的。冷态开车时，由于循环气的组成没有达到稳态时的循环气组成，需要慢慢调节才能达到稳态时的循环气的组成。调节混合气组成的方法可参考以下步骤：

1. 如果要增加循环气中 H_2 的含量，应开大 FRCA6002、增大循环量并减小 FRCA6001，经过一段时间后，循环气中 H_2 含量会明显增大；

2. 如果要减小循环气中 H_2 的含量，应关小 FRCA6002、减小循环量并增大 FRCA6001，经过一段时间后，循环气中 H_2 含量会明显减小；

3. 如果想要增加反应塔入口气中 H_2 的含量，应开大 FRCA6002 并增加循环量（CO 和 CO_2 的单程转化率高，故消耗多），经过一段时间后，入口气中 H_2 含量会明显增大；

4. 如果要降低反应塔入口气中 H_2 的含量，应关小 FRCA6002 并减小循环量，经过一段时间后，入口气中 H_2 含量会明显降低。

其中循环量主要是通过蒸汽透平来调节。需要注意的是，由于循环气组分多，所以调节起来难度较大，不可能一蹴而就，需要一个缓慢的调节过程。

调平衡的方法和数值可参考以下：通过调节循环气量和混合气入口量使反应入口气中 $V(H_2):V(CO)$ 在 7:1～8:1 之间，同时通过调节 FRCA6002，使循环气中 H_2 的含量尽量保持在 79% 左右，同时逐渐增加入口气的量直至正常（FRCA6001 的正常量为

14877 m³/h，FRCA6002 的正常量为 13804 m³/h），达到正常后，新鲜气中 H₂ 与 CO 之比（FFR6002）在 2.05：1～2.15：1 之间。

四、实验流程

甲醇合成在仿真中共有总图、压缩系统图、合成系统图等的三个流程图。其中每一个流程又分别对应 DCS 图和现场图，通常在现场图中进行现场阀的操作，在 DCS 图中对控制器进行操作。如图 3-21 所示是甲醇合成工段的总图，图 3-22、图 3-23 分别是甲醇合成工段压缩系统 DCS 图和甲醇合成工段合成系统 DCS 图。

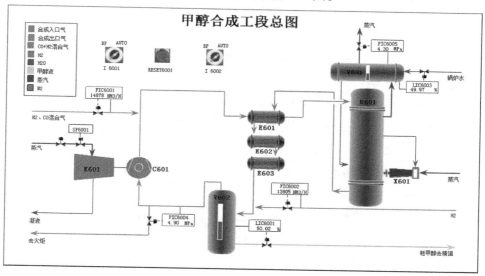

图 3-21　甲醇合成工段——总图

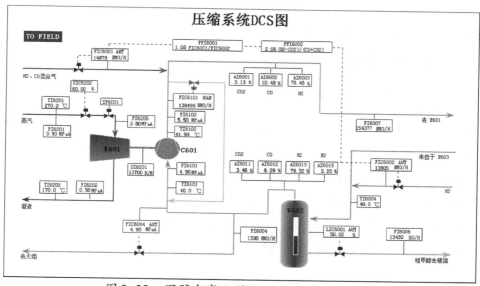

图 3-22　甲醇合成工段——压缩系统 DCS 图

甲醇合成装置仿真系统的设备包括蒸汽透平（T-601）、循环气压缩机（C-601）、甲醇分离器（F-602）、精制水预热器（E-602）、中间换热器（E-601）、最终冷却器（E-603）、甲醇合成塔（R-601）、蒸汽包（F-601）以及开工喷射器（X-601）等。

甲醇合成是强放热反应，进入催化剂层的合成原料气需先加热到反应温度（>210 ℃）才能反应，而低压甲醇合成催化剂（铜基触媒）又易过热失活（>280 ℃），就必须将甲醇合成反应热及时移走，本反应系统将原料气加热和反应过程中移热结合，反应器和换热器结合连续移热，同时达到缩小设备体积和减少催化剂层温差的作用。低压合成甲醇的理想合成压力为4.8～5.5 MPa，在本仿真实验中，假定压力低于3.5 MPa时反应即停止。

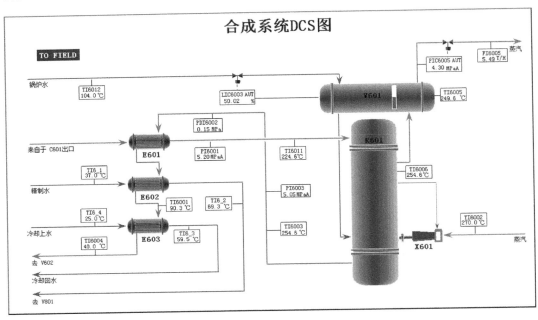

图 3-23　甲醇合成工段——合成系统DCS图

蒸汽驱动透平带动压缩机运转，提供循环气连续运转的动力，并同时往循环系统中补充 H_2 和混合气（CO+H_2），使合成反应能够连续进行。反应放出的大量热通过蒸汽包F-601移走，合成塔入口气在中间换热器E-601中被合成塔出口气预热至46 ℃后进入合成塔R-601，合成塔出口气由255 ℃依次经中间换热器E-601、精制水预热器E-602、最终冷却器E-603换热至40 ℃，与补加的 H_2 混合后进入甲醇分离器F-602，分离出的粗甲醇送往精馏系统进行精制，气相的一小部分送往火炬，气相的大部分作为循环气被送往压缩机C-601，被压缩的循环气与补加的混合气混合后经E-601进入反应器R-601。

五、实验步骤

（一）开工需要具备的条件

1.与开工有关的修建项目全部完成并验收合格。

2.设备、仪表及流程符合要求。

3.水、电、汽、风及化验能满足装置要求。

4.安全设施完善，排污管道具备投用条件，操作环境及设备要清洁整齐卫生。

（二）开工前的准备

1.仪表空气、中压蒸汽、锅炉给水、冷却水及脱盐水均已引入界区内备用。

2.盛装开工废甲醇的废油桶已准备好。

3.仪表校正完毕。

4.触媒还原彻底。

5.粗甲醇贮槽皆处于备用状态，全系统在触媒升温还原过程中出现的问题都已解决。

6.净化运行正常，新鲜气质量符合要求，总负荷≥30%。

7.压缩机运行正常，新鲜气随时可导入系统。

8.本系统所有仪表再次校验，调试运行正常。

9.精馏工段已具备接收粗甲醇的条件。

10.总控，现场照明良好，操作工具、安全工具、交接班记录、生产报表、操作规程、工艺指标齐备，防毒面具、消防器材按规定配好。

11.微机运行良好，各参数已调试完毕。

（三）冷态开车过程

1.引锅炉水步骤

依次开启汽包F601锅炉水、控制阀LICA6003、入口前阀VD6009，将锅炉水引进汽包。

当汽包液位LICA6003接近50%时，投自动，如果液位难以控制，可手动调节。

汽包设有安全阀SV6001，当汽包压力PRCA6005超过5.0 MPa时，安全阀会自动打开，从而保证汽包的压力不会过高，进而保证反应器的温度不至于过高。

2.N_2置换步骤

现场开启低压N_2入口阀V6008（微开），向系统充N_2。

依次开启PRCA6004前阀VD6003、控制阀PRCA6004、后阀VD6004，如果压力升高过快或降压过程中降压速度过慢，可开副线阀V6002。

将系统中含氧量稀释至0.25%以下，在吹扫时，系统压力PI6001维持在0.5 MPa附近，不要高于1 MPa。

当系统压力PI6001接近0.5 MPa时，关闭V6008和PRCA6004，进行保压。

保压一段时间，如果系统压力PI6001不降低，说明系统气密性较好，可以继续进行生产操作；如果系统压力PI6001明显下降，则要检查各设备及其管道，确保无问题后再进行生产操作。（仿真中为了节省操作时间，保压30 s以上即可）。

3. 建立循环步骤

手动开启FIC6101，防止压缩机喘振，在压缩机出口压力PI6101大于系统压力PI6001且压缩机运转正常后关闭。

开启压缩机C601入口前阀VD6011。

开透平T601前阀VD6013、控制阀SIS6202、后阀VD6014，为循环压缩机C601提供运转动力。调节控制阀SIS6202使转速不致过大。

开启VD6015，投用压缩机。

待压缩机出口压力PI6102大于系统压力PI6001后，开启压缩机C601后阀VD6012，打通循环回路。

4. H_2置换充压步骤

通H_2前，先检查含O_2量，若高于0.25%，应先用N_2稀释至0.25%以下再通H_2。

现场开启H_2副线阀V6007，进行H_2置换，使N_2的体积含量在1%左右。

开启控制阀PRCA6004，充压至PI6001为2.0 MPa，不要高于3.5 MPa。

注意调节进气和出气的速度，使N_2的体积含量降至1%以下，而系统压力至PI6001升至2.0 MPa左右。此时关闭H_2副线阀V6007和压力控制阀PRCA6004。

5. 投原料气步骤

依次开启混合气入口前阀VD6001、控制阀FRCA6001、后阀VD6002。

开启H_2入口阀FRCA6002。

同时，注意调节SIC6202，保证循环压缩机的正常运行。

按照体积比约为1:1的比例，将系统压力缓慢升至5.0 MPa左右（不要高于5.5 MPa），将PRCA6004投自动，设为4.90 MPa。此时关闭H_2入口阀FRCA6002和混合气控制阀FRCA6001，进行反应器升温。

6. 反应器升温步骤

开启开工喷射器X601的蒸汽入口阀V6006，注意调节V6006的开度，使反应器温度TR6006缓慢升至210 ℃。

开V6010，投用换热器E-602。

开V6011，投用换热器E-603，使TR6004不超过100 ℃。

当TR6004接近200 ℃，依次开启汽包蒸汽出口前阀VD6007、控制阀PRCA6005、后阀VD6008，并将PRCA6005投自动，设为4.3 MPa，如果压力变化较快，可手动调节。

7. 调至正常步骤

在反应开始后，关闭开工喷射器X601的蒸汽入口阀V6006。

缓慢开启FRCA6001和FRCA6002，向系统补加原料气。注意调节SIC6202和FRCA6001，使入口原料气中H_2与CO的体积比约为7:1～8:1，随着反应的进行，逐步投料至正常（FRCA6001约为14877 m^3/h），FRCA6001约为FRCA6002的1～1.1倍。将PRCA6004投自动，设为4.90 MPa。

有甲醇产出后，依次开启粗甲醇采出现场前阀 VD6005、控制阀 LICA6001、后阀 VD6006，并将 LICA6001 投自动，设为 40%，若液位变化较快，可手动控制。

如果系统压力 PI6001 超过 5.8 MPa，系统安全阀 SV6001 会自动打开，若压力变化较快，可通过减小原料气进气量并开大放空阀 PRCA6004 来调节。

投料至正常后，循环气中 H_2 的含量能保持在 79.3% 左右，CO 含量达到 6.29% 左右，CO_2 含量达到 3.5% 左右，说明体系已基本达到稳态。

体系达到稳态后，投用联锁，在 DCS 图上按"F602 液位高或 R601 温度高联锁"按钮和"F601 液位低联锁"按钮。

需要注意的是调至正常过程较长，并且不易控制，要慢慢调节。

循环气的正常组成如表 3-1 所示：

表 3-1　循环气中气体成分表

组成	CO_2	CO	H_2	CH_4	N_2	Ar	CH_3OH	H_2O	O_2	高沸点物
%	3.5	6.29	79.31	4.79	3.19	2.3	0.61	0.01	0	0

（四）正常停车操作

1.停原料气步骤

将 FRCA6001 改为手动，关闭。现场关闭 FRCA6001 前阀 VD6001、后阀 VD6002。

将 FRCA6002 改为手动，关闭。

将 PRCA6004 改为手动，关闭。

2.开蒸汽步骤

开蒸汽阀 V6006，投用 X601，使 TR6006 维持在 210 ℃以上，使残余气体继续反应。

3.汽包降压步骤

残余气体反应一段时间后，关蒸汽阀 V6006。

将 PRCA6005 改为手动调节，逐渐降压。

关闭 LICA6003 及其前后阀 VD6010、VD6009，停锅炉水。

4.反应器降温步骤

手动调节 PRCA6004，使系统泄压。

开启现场阀 V6008，进行 N_2 置换，使 V（H_2+CO_2+CO）< 1%。

保持 PI6001 在 0.5 MPa 时，关闭 V6008。

关闭 PRCA6004。

关闭 PRCA6004 的前阀 VD6003、后阀 VD6004。

5.停 C/T601 步骤

关 VD6015，停用压缩机。

逐渐关闭 SIC6202。

关闭现场阀 VD6013。

关闭现场阀 VD6014。

关闭现场阀 VD6011。

关闭现场阀 VD6012。

6.停冷却水步骤

关闭现场阀 V6010，停冷却水。

关闭现场阀 V6011，停冷却水。

（五）紧急停车操作

1.停原料气步骤

将 FRCA6001 改为手动，关闭。

现场关闭 FRCA6001 前阀 VD6001、后阀 VD6002。

将 FRCA6002 改为手动，关闭。

将 PRCA6004 改为手动，关闭。

2.停压缩机步骤

关 VD6015，停用压缩机；逐渐关闭 SIC6202。

关闭现场阀 VD6013。

关闭现场阀 VD6014。

关闭现场阀 VD6011。

关闭现场阀 VD6012。

3.泄压步骤

将 PRCA6004 改为手动，全开。

当 PI6001 降至 0.3 MPa 以下时，将 PRCA6004 关小。

4.N_2 置换步骤

开 V6008，进行 N_2 置换。

当 $V(CO+H_2) < 5\%$ 后，用 0.5 MPa 的 N_2 保压。

六、注意事项

1.在"N_2 置换步骤"中需要将系统中氧含量降低至 0.25% 以下，而系统压力需要维持在 0.5 MPa 附近，而不能超过 1 MPa，并在 1 MPa 处保压 30 s 来确保系统的气密性良好。

2.在"调整至正常"的步骤中所需调节的参量较多，而且参量的相互影响较大，需要在调节时注意。

七、思考题

1.现阶段甲醇合成的工艺有哪些？工业上通常采用的工艺有何优缺点？

2.仿真操作甲醇合成流程中，当体系压力过高时可采取哪些措施来调节？

实验二　甲醇精制仿真实验

一、实验目的

了解甲醇精制装置中精制工段的操作流程及操作和控制要点。

二、实验原理

本装置流程是根据某化工厂年产20万吨甲醇项目开发的，工段采用四塔（3+1）精馏工艺，包括预塔、加压塔、常压塔及甲醇回收塔。预塔的主要目的是除去粗甲醇中溶解的气体（如CO_2、CO、H_2等）及低沸点组分（如二甲醚、甲酸甲酯），加压塔及常压塔的目的是除去水及高沸点杂质（如异丁基油），同时获得高纯度的优质甲醇产品。另外，为了减少废水排放，增设甲醇回收塔，进一步回收甲醇，减少废水中甲醇的含量。

本装置工艺特点如下：

（1）三塔精馏加回收塔工艺流程的主要特点是热能的合理利用；

（2）采用双效精馏方法：将加压塔塔顶气相的冷凝潜热用作常压塔塔釜再沸器的热源。

本流程有三处对废热进行回收的操作，分别是：

第一，将天然气蒸汽转化工段的转化气热量作为加压塔再沸器热源；

第二，加压塔辅助再沸器、预塔再沸器冷凝水用来预热进料粗甲醇；

第三，加压塔塔釜出料与加压塔进料充分进行换热。

本工段在精馏塔的塔釜位置上使用了液位与流量串级回路和温度与流量串级回路，串级回路的控制方法如下所述：

串级回路是在简单调节系统基础上发展起来的。在结构上，串级回路调节系统有两个闭合回路。主、副调节器串联，主调节器的输出为副调节器的给定值，系统通过副调节器的输出操纵调节阀动作，实现对主参数的定值调节。所以在串级回路调节系统中，主回路是定值调节系统，副回路是随动系统。

在本装置中的具体实例如下：

预塔T701的塔釜温度控制器TIC7005和再沸器热物流进料FIC7005构成一个串级回路。温度调节器的输出值同时是流量调节器的给定值，即流量调节器FIC7005的SP值由温度调节器 TIC7005 的输出 OP 值控制，TIC7005.OP 的变化使 FIC7005.SP 产生相应的变化。

三、实验流程

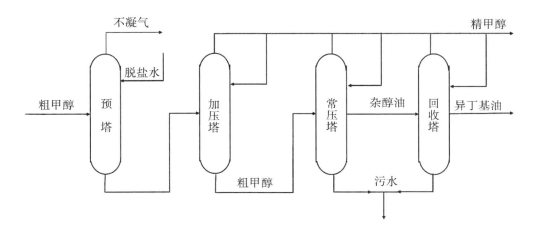

图 3-24　甲醇精制流程图

图 3-24 是甲醇精制流程图，图 3-25、图 3-26，图 3-27、图 3-28 分别是甲醇精制预塔 DCS 图、甲醇精制加压塔 DCS 图、甲醇精制常压塔 DCS 图、甲醇精制回收塔 DCS 图。

从甲醇合成工序运来的粗甲醇进入粗甲醇预热器（E701），粗甲醇与预塔再沸器（E702）、加压塔再沸器（E706B）和回收塔再沸器（E714）来的冷凝水进行换热后进入预塔（T701），经 T701 分离后，塔顶气相为二甲醚、甲酸甲酯、二氧化碳、甲醇等蒸汽，经二级冷凝后，不凝气通过火炬排放，冷凝液中补充脱盐水返回 T701 作为回流液，塔釜为甲醇水溶液，经 P703 增压后用加压塔（T702）塔釜出料液在 E705 中进行预热，然后进入 T702。

经 T702 分离后，塔顶气相为甲醇蒸汽，与常压塔（T703）塔釜液换热后部分返回 T702 打回流，部分采出作为精甲醇产品，经 E707 冷却后送中间罐区产品罐，塔釜出料液在 E705 中与进料换热后作为 T703 塔的进料。

在 T703 中甲醇与轻重组分以及水得以彻底分离，塔顶气相为含微量不凝气的甲醇蒸汽，经冷凝后，不凝气通过火炬排放，冷凝液部分返回 T703 打回流，部分采出作为精甲醇产品，经 E-0410 冷却后送中间罐区产品罐，塔下部侧线采出杂醇油作为回收塔（T704）的进料。塔釜出料液为含微量甲醇的水，经 P709 增压后送污水处理厂。

经 T704 分离后，塔顶产品为精甲醇，经 E715 冷却后部分返回 T704 回流，部分送精甲醇罐，塔中部侧线采出异丁基油送中间罐区副产品罐，底部的少量废水与 T703 塔底废水合并。

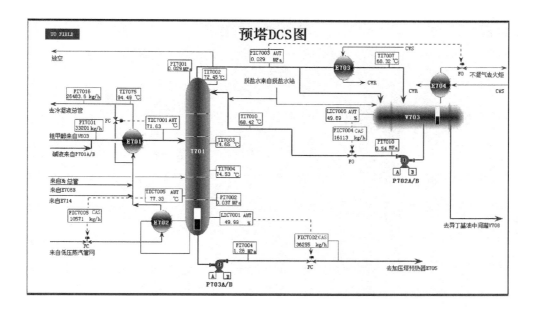

图 3-25　甲醇精制——预塔 DCS 图

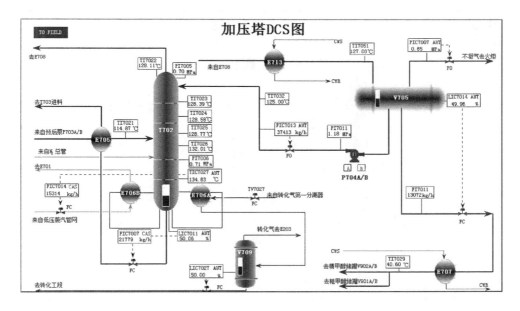

图 3-26　甲醇精制——加压塔 DCS 图

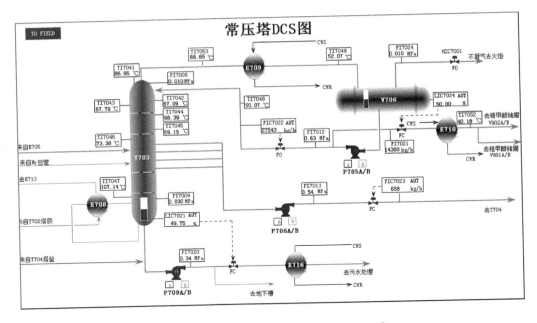

图 3-27　甲醇精制——常压塔 DCS 图

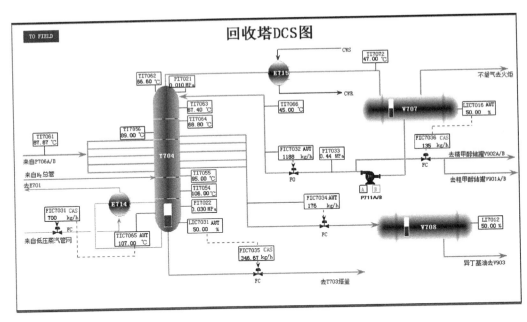

图 3-28　甲醇精制——回收塔 DCS 图

四、实验步骤

(一)冷态开车

装置冷态开工状态为所有装置处于常温、常压下,各调节阀处于手动关闭状态,各手操阀处于关闭状态，可以直接进冷物流。

1.开车前准备

打开预塔一级冷凝器 E703 和二级冷凝器的冷却水阀。

打开加压塔冷凝器 E713 和 E707 的冷却水阀门。

打开常压塔冷凝器 E709、E710 和 E716 的冷却水阀。

打开回收塔冷凝器 E715 的冷却水阀。

打开加压塔的 N_2 进料阀，充压至 0.65 MPa，关闭 N_2 进口阀。

2.预塔、加压塔和常压塔开车

开粗甲醇预热器 E701 的进口阀门 VA4001（>50%），向预塔 T701 进料。

待塔顶压力大于 0.02 MPa 时，调节预塔排气阀 FV7003（预塔现场图），使塔顶压力维持在 0.03 MPa 左右。

预塔 T701 塔底液位超过 80% 后，打开泵 P-703 A 的入口阀，启动泵，再打开泵出口阀，启动预后泵。

在预塔现场图中手动打开调节阀 FV7002（>50%），再打开 FIC7002 流量控制，向加压塔 T702 进料。

当加压塔 T702 塔底液位超过 60% 后，手动打开塔釜液位调节阀 FV7007（>50%），向常压塔 T703 进料。

通过调节蒸汽阀 FV7005 开度，给预塔再沸器 E702 加热。

通过调节阀门 PV7007 的开度，使加压塔回流罐压力维持在 0.65 MPa。

通过调节 FV7014 开度，给加压塔再沸器 E706B 加热。

通过调节 TV7027（加压塔现场图）开度，给加压塔再沸器 E706A 加热。

通过调节阀门 HV7001 的开度，使常压塔回流罐压力维持在 0.01 MPa。

当预塔回流罐有液体产生时，开脱盐水阀 VA7005，冷凝液中补充脱盐水，开预塔回流泵 P702 A 入口阀，启动泵，开泵出口阀，启动回流泵。

通过调节阀 FV7004（开度>40%）开度控制回流量，维持回流罐 V703 液位在 40% 以上。

当加压塔回流罐有液体产生时，开加压塔回流泵 P704A 入口阀，启动泵，开泵出口阀，启动回流泵。调节阀 FV7013（开度>40%）开度控制回流量，维持回流罐 V705 液位在 40% 以上。

回流罐 V705 液位无法维持时，逐渐打开 LV7014，打开 VA7052，采出塔顶产品。

当常压塔回流罐有液体产生时，开常压塔回流泵 P705A 入口阀，启动泵，开泵出口阀。

调节阀 FV7022（开度>40%），维持回流罐 V706 液位在 40% 以上。

回流罐 V706 液位无法维持时，逐渐打开 FV7024，采出塔顶产品。

维持常压塔塔釜液位在 80% 左右。

3.回收塔开车

常压塔侧线采出杂醇油作为回收塔 D704 进料，打开侧线采出阀 VD7029- VD7032，开回收塔进料泵 P706A 入口阀，启动泵，开泵出口阀。

调节阀 FV7023（开度 >40%）开度控制采出量，打开回收塔进料阀 VD7033 - VD7037。

待塔 D-704 塔底液位超过 50% 后，手动打开流量调节阀 FV7035，与 D703 塔底污水合并。

通过调节蒸汽阀 FV7031 开度，给再沸器 E714 加热。

通过调节阀 VA7046 的开度，使回收塔压力维持在 0.01 MPa。

当回流罐有液体产生时，开回流泵 P711A 入口阀，启动泵，开泵出口阀，调节阀 FV7032（开度 >40%），维持回流罐 V707 液位在 40% 以上。

回流罐 V707 液位无法维持时，逐渐打开 FV7036，采出塔顶产品。

4. 调节至正常

通过调整 PIC7003 开度，使预塔 PIC7003 达到正常值。

调节 FV7001，进料温度稳定至正常值。

逐步调整预塔回流量 FIC7004 至正常值。

逐步调整塔釜出料量 FIC7002 至正常值。

通过调整加热蒸汽量 FIC7005 控制预塔塔釜温度 TRC7005 至正常值。

通过调节 PIC7007 开度，使加压塔压力稳定。

逐步调整加压塔回流量 FIC7013 至正常值。

开 LIC7014 和 FIC7007 出料，注意加压塔回流罐、塔釜液位。

通过调整加热蒸汽量 FIC7014 和 TIC7027 控制加压塔塔釜温度 TIC7027 至正常值。

开 LIC7024 和 LIC7021 出料，注意常压塔回流罐、塔釜液位。

开 FIC7036 和 FIC7035 出料，注意回收塔回流罐、塔釜液位。

通过调整加热蒸汽量 FIC7031 控制回收塔塔釜温度 TIC7065 至正常值。

将各控制回路投自动，各参数稳定并与工艺设计值吻合后，投产品采出串级。

5. 正常操作规程

在完成各塔开车后将流程的各项参数调整至以下数值：

（1）进料

温度 TIC7001 投自动，设定值为 72 ℃。

（2）预塔

塔顶压力 PIC7003 投自动，设定值为 0.03 MPa；

塔顶回流量 FIC7004 设为串级，设定值 16690 kg/h，LIC7005 设自动，设定值为 50%；

塔釜采出量 FIC7002 设为串级，设定值 35176 kg/h，LIC7001 设自动，设定值为 50%；

加热蒸气量 FIC7005 设为串级，设定值 11200 kg/h，TRC7005 投自动，设定值为 77.4 ℃。

（3）加压塔

加热蒸气量 FIC7014 设为串级，设定值为 15000 kg/h，TRC7027 投自动，设定值为 134.8 ℃；

顶压力 PIC7007 投自动，设定值为 0.65 MPa；

塔顶回流量 FIC7013 投自动，设定值为 37413 kg/h；

回流罐液位 LIC7014 投自动，设定值为 50%；

塔釜采出量 FIC7007 设为串级，设定值为 22747 kg/h，LIC7011 设自动，设定值为 50%。

（4）常压塔

塔顶回流量 FIC7022 投自动，设定值为 27621 kg/h；

回流罐液位 LIC7024 投自动，设定值为 50%；

塔釜液位 LIC7021 投自动，设定值为 50%；

侧线采出量 FIC7023 投自动，设定值为 658 kg/h。

（5）回收塔

加热蒸气量 FIC7031 设为串级，设定值为 700 kg/h，TRC7065 投自动，设定值为 107 ℃；

塔顶回流量 FIC7032 投自动，设定值为 1188 kg/h；

塔顶采出量 FIC7036 投串级，设定值为 135 kg/h；

LIC7016 投自动，设定值为 50%；

回收塔塔釜采出量 FIC7035 设为串级，设定值为 346 kg/h；

LIC7031 设自动，设定值为 50%；

侧线采出量 FIC7034 投自动，设定值为 175 kg/h。

（二）停车操作

1.预塔停车

手动逐步关小进料阀 VA7001，使进料降至正常进料量的 70%。

在降负荷过程中，尽量通过 FV7002 排出塔釜产品，使 LICA7001 降至 30% 左右。

关闭调节阀 VA7001，停预塔进料。

关闭阀门 FV7005，停预塔再沸器的加热蒸汽。

手动关闭 FV7002，停止产品采出。

打开塔釜泄液阀 VA7012，排出不合格产品，并控制塔釜降低液位。

关闭脱盐水阀门 VA7005。

停进料和再沸器后，回流罐中的液体全部通过回流泵打入塔，以降低塔内温度。

当回流罐液位降至 5% 时，停回流，关闭调节阀 FV7004。

当塔釜液位降至 5% 时，关闭泄液阀 VA7012。

当塔压降至常压后，关闭 FV7003。

预塔温度降至 30 ℃ 左右时，关冷凝器冷凝水。

2.加压塔停车

加压塔采出精甲醇VA7052改去粗甲醇贮槽VA7053。

尽量通过LV7014排出回流罐中的液体产品，至回流罐液位LICA7014在20%左右。

尽量通过FV7007排出塔釜产品，使LICA7011降至30%左右。

关闭阀门FV7014和TV7027，停加压塔再沸器的加热蒸汽。

手动关闭LV7014和FV7007，停止产品采出。

打开塔釜泄液阀VA7023，排出不合格产品，并控制塔釜降低液位。

停进料和再沸器后，回流罐中的液体全部通过回流泵打入塔，以降低塔内温度。

当回流罐液位降至5%时，停回流，关闭调节阀FV7013。

当塔釜液位降至5%时，关闭泄液阀VA7023。

当塔压降至常压后，关闭PV7007。

加压塔温度降至30℃左右时，关冷凝器冷凝水。

3.常压塔停车

常压塔采出精甲醇VA7054改去粗甲醇贮槽VA7055。

尽量通过FV7024排出回流罐中的液体产品，至回流罐液位LICA7024在20%左右。

尽量通过FV7021排出塔釜产品，使LICA7021降至30%左右。

手动关闭FV7024，停止产品采出。

打开塔釜泄液阀VA7035，排出不合格产品，并控制塔釜降低液位。

停进料和再沸器后，回流罐中的液体全部通过回流泵打入塔，以降低塔内温度。

当回流罐液位降至5%时，停回流，关闭调节阀FV7022。

当塔釜液位降至5%时，关闭泄液阀VA7035。

当塔压降至常压后，关闭HV7001。

关闭侧线采出阀FV7023。

常压塔温度降至30℃左右时，关冷凝器冷凝水。

4.回收塔停车

回收塔采出精甲醇VA7056改去粗甲醇贮槽VA7057。

尽量通过FV7036排出回流罐中的液体产品，至回流罐液位LICA7016在20%左右。

尽量通过FV7035排出塔釜产品，使LICA7031降至30%左右。

手动关闭FV7036和FV7035，停止产品采出。

停进料和再沸器后，回流罐中的液体全部通过回流泵打入塔，以降低塔内温度。

当回流罐液位降至5%时，停回流，关闭调节阀FV7032。

当塔釜液位降至5%时，关闭泄液阀FV7035。

当塔压降至常压后，关闭VA7046。

关闭侧线采出阀FV7034。

回收塔温度降至30℃左右时，关冷凝器冷凝水。

关闭FV7021。

五、注意事项

1.在预塔开车完成，开始给加压塔塔釜进料后，应该开大预塔进料的开关，以免预塔液位过低。对于其他塔釜进料也类似。

2.在"调整至正常"的步骤中所需调节的参量较多，而且参量的相互影响较大，需要在调节时注意。

3.本工段复杂控制回路主要是串级回路的使用，使用了液位与流量串级回路和温度与流量串级回路。

六、思考题

1.设备操作时当回流量减小、塔顶温度和压力升高时，在装置中应该采取什么措施？

2.当塔顶回流泵故障，回流不能进行而导致塔顶温度和压力上升时应该如何操作？

实验三 合成氨转化工艺仿真实验

一、实验目的

了解合成氨转化工段的基本流程、工艺各操作要点和原理。

二、实验原理

合成氨原料气的制取方法主要有以下几种：固体燃料气法；重油气法；气态烃法。其中气态烃法又有蒸汽转化法和间歇催化转化法。本仿真软件是针对蒸汽转化法制取合成氨原料气而设计的。

制取合成氨原料气所用的气态烃主要是天然气（甲烷、乙烷、丙烷等）。蒸汽转化法制取合成氨原料气分两段进行，首先在装有催化剂（镍触媒）的一段炉转化管内，蒸汽与气态烃进行吸热的转化反应，反应所需的热量由管外烧嘴提供。

一段转化反应方程式如下：

$$CH_4 + H_2O \rightleftharpoons CO + 3H_2 - 206.4 \text{ kJ/mol} \tag{3-4}$$

$$CH_4 + 2H_2O \rightleftharpoons CO_2 + 4H_2 - 165.1 \text{ kJ/mol} \tag{3-5}$$

气态烃转化到一定程度后，送入装有催化剂的二段炉，同时加入适量的空气和水蒸气，与部分可燃性气体燃烧提供进一步转化所需的热量，所生成的氮气作为合成氨的原料。

二段转化反应方程式如下：

1. 催化床层顶部空间的燃烧反应

$$2H_2 + O_2 \rightleftharpoons 2H_2O \text{（g）} + 484 \text{ kJ/mol} \tag{3-6}$$

$$2CO + O_2 \rightleftharpoons 2CO_2 + 566 \text{ kJ/mol} \tag{3-7}$$

2. 催化床层的转化反应

$$CH_4 + H_2O \rightleftharpoons CO + 3H_2 - 206.4 \text{ kJ/mol} \tag{3-8}$$

二段炉的出口气中含有大量的CO，这些未变换的CO大部分在变换炉中氧化成CO_2，从而提高了H_2的产量。变换反应方程式如下：

$$CO + H_2O \rightleftharpoons CO_2 + H_2 + 566 \text{ kJ/mol} \tag{3-9}$$

三、实验流程

图3-29、图3-30、图3-31、图3-32、图3-33、图3-34分别是合成氨转化工段总图、脱硫DCS图、一段转化DCS图、二段转化DCS图、蒸汽系统DCS图、燃料气系统DCS图。

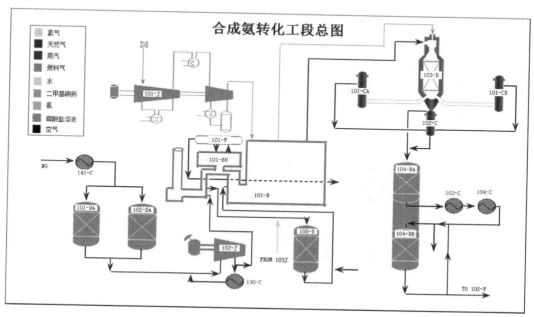

图3-29　合成氨转化工段——总图

1.原料气脱硫

原料天然气中含有$6.0×10^{-12}$左右的硫化物，这些硫化物可以通过物理的和化学的方法脱除。天然气首先在原料气预热器（141-C）中被低压蒸汽预热，流量由FR30记录，温度由TR21记录，压力由PRC1调节，预热后的天然气进入活性炭脱硫槽（101-DA、102-DA一用一备）进行初脱硫。然后进入蒸汽透平驱动的单缸离心式压缩机（102-J），压缩到所要求的操作压力。压缩机设有FIC12防喘振保护装置，当在低于正常流量的条件下进行操作时，它可以把某一给定量的气体返回气水冷器（130-C），冷却后送回压缩机的入口。经压缩后的原料天然气在一段炉（101-B）对流段低温段加热到230℃（TIA37）左右与103-J段间送来的氢混合后，进入Co-Mo加氢和氧化锌脱硫槽（108-D），经脱硫后，天然气中的总硫含量降到$0.5×10^{-12}$以下，用AR4记录。

2.原料气的一段转化

脱硫后的原料气与压力为38 MPa的中压蒸汽混合，蒸汽流量由FRCA2调节。混合后的蒸汽和天然气以分子比4∶1的比例通过一段炉（101-B）对流段、高温段预热后，送到101-B辐射段的顶部，气体从一根总管被分配到八根分支管，分支管在炉顶部平行排列，每一根分支管中的气体又经过猪尾管自上而下地被分配到42根装有触媒的转化管中，原料气在一段炉（101－B）辐射段的 336 根触媒反应管进行蒸汽转化，管外由顶部的 144（仿真中为 72）个烧嘴提供反应热，这些烧嘴是由 MIC1～MIC9 来调节的。经一段转化后，气体中残余甲烷在 10% 左右。

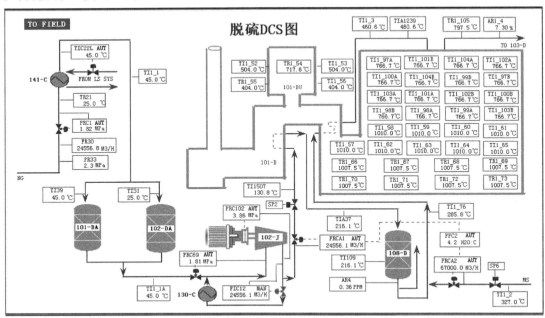

图 3-30　合成氨转化工段——脱硫 DCS 图

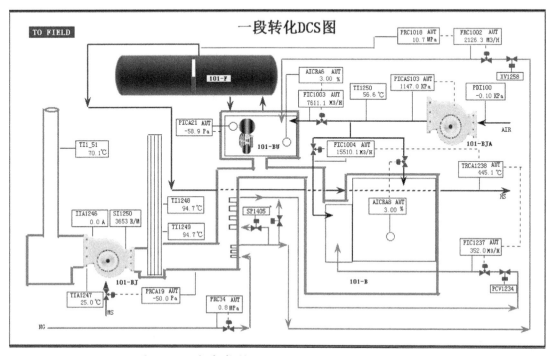

图 3-31　合成氨转化工段——一段转化 DCS 图

3.转化气的二段转化

一段转化气进入二段炉（103-D），在二段炉中同时送入工艺空气，工艺空气来自空气压缩机（101-J），压缩机有两个缸。从压缩机最终出口管送往二段炉的空气量由FRC3调节，工艺空气可以由于电动阀SP3的动作而停止送往二段炉。工艺空气在电动阀SP3的后面与少量的中压蒸汽汇合，然后通过101-B对流段预热。蒸汽量由FI51计量，由MIC19调节，这股蒸汽是为了在工艺空气中断时保护101-B的预热盘管。开工旁路（LLV37）不通过预热盘，以避免二段转化触媒在用空气升温时工艺空气过热。

工艺空气从103-D的顶部向下通过一个扩散环而进入炉子的燃烧区，转化气中的H_2和空气中的氧燃烧产生的热量供给转化气中的甲烷在二段炉触媒床中进一步转化，出二段炉的工艺气残余甲烷含量在0.3%左右，经并联的两台第一废热锅炉（101-CA/B）回收热量，再经第二废热锅炉（102-C）进一步回收余热后，送去变换炉104-D。废锅炉的管侧是来自101-F的锅炉水。102-C有一条热旁路，通过TRC10调节变换炉104-D的进口温度（370℃左右）。

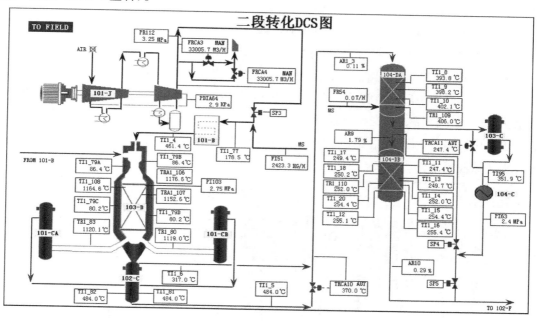

图3-32 合成氨转化工段——二段转化DCS图

4.变换

变换炉104-D由高变和低变两个反应器，中间用蝶形头分开，上面是高变炉，下面是低变炉。低变炉底部有蒸汽注入管线，供开车时以及短期停车时触媒保温用。从第二废热锅炉（102-C）来的转化气约含有12%～14%的CO进入高变炉，在高变触媒的作用下将部分CO转化成CO_2，经高温变换后CO含量降到3%左右，然后经第三废热锅炉（103-C）回收部分热能，传给来自101-F的锅炉水，气体从103-C出来，进换热器（104-C）与甲烷化炉进气换热，从而得到进一步冷却。104-C之前有一放空管，供开车和发生事故时高变出口气放空用,由电动阀MIC26控制。103-C设置一旁路,由TRC11调节低变炉入口温度。进入低变炉在低变触媒的作用下将其余CO转化为CO_2,出低变炉的工艺气中CO含量约为0.3%。开车或发生事故时气体可不进入低变炉,是通过关闭低变炉进气管上的SP4、打开SP5实现的。

5.蒸汽系统

合成氨装置开车时,将从界外引入38 MPa、327 ℃的中压蒸汽约50 t/h。辅助锅炉和废热锅炉所用的脱盐水从水处理车间引入,用并联的低变出口气加热器(106-C)和甲烷化出口气加热器(134-C)预热到100 ℃左右,进入除氧器(101-U)脱氧段,在脱氧段用低压蒸汽脱除水中溶解氧后,然后在储水段加入二甲基硐肟除去残余溶解氧。最终溶解氧含量小于$7×10^{-15}$。

除氧水加入氨水调节pH至8.5~9.2,经锅炉给水泵104-J/JA/JB经并联的合成气加热器(123-C),甲烷化气加热器(114-C)及一段炉对流段低温段锅炉给水预热盘管加热到295 ℃(TI1-44)左右进入汽包(101-F),同时在汽包中加入磷酸盐溶液,汽包底部水经101-CA/CB、102-C、103-C一段炉对流段、低温段废热锅炉及辅助锅炉加热部分汽化后进入汽包,经汽包分离出的饱和蒸汽在一段炉对流段过热后送至103-JAT,经103-JAT抽出38 MPa、327 ℃中压蒸汽,供各中压蒸汽用户使用。103-JAT停运时,高压蒸汽经减压,全部进入中压蒸汽管网,中压蒸汽一部分供工艺使用、一部分供凝汽透平使用,其余供背压透平使用,并产生低压蒸汽,供111-C、101-U使用,其余为伴热使用。在这个工段中,缩合/脱水反应是在三个串联的反应器中进行的,接着是一台分层器,用来把有机物从液流中分离出来。

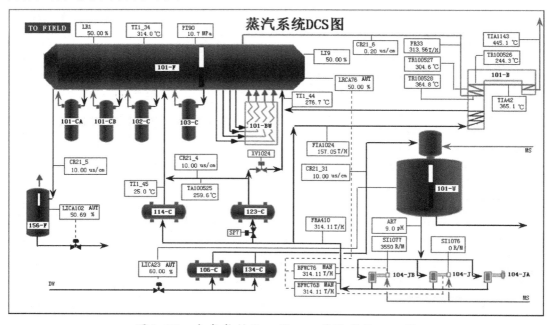

图3-33　合成氨转化工段——蒸汽系统DCS图

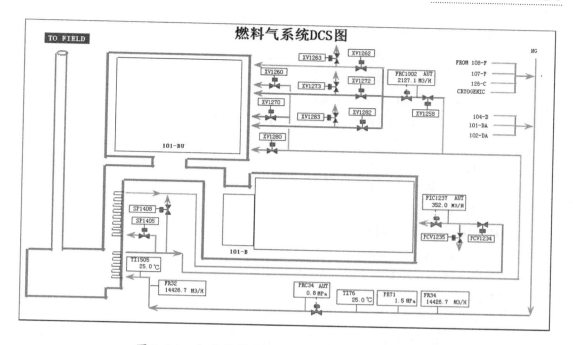

图3-34　合成氨转化工段——燃料气系统DCS图

6.燃料气系统

从天然气增压站来的燃料气经PRC34调压后，进入对流段第一组燃料预热盘管预热。预热后的天然气，一路进一段炉辅锅炉101-UB的三个燃烧嘴（DO121、DO122、DO123），流量由FRC1002控制，在FRC1002之前有一开工旁路，流入辅锅炉的点火总管（DO124、DO125、DO126），压力由PCV36控制；另一路进对流段第二组燃料预热盘管预热，预热后的燃料气作为一段转化炉的8个烟道烧嘴（DO113-DO120）、144个顶部烧嘴（DO001-DO072）以及对流段20个过热烧嘴（DO073-DO092）的燃料。去烟道烧嘴气量由MIC10控制，顶部烧嘴气量分别由MIC1—MIC9等9个阀控制，过热烧嘴气量由FIC1237控制。

四、实验步骤

（一）冷态开车

1.引DW、除氧器101-U建立液位（蒸汽系统图）

开预热器106-C、134-C现场入口总阀LVV08。

开入106-C阀LVV09。

开入134-C阀LVV10。

开106-C、134-C出口总阀LVV13。

开LICA23。

现场开101-U底排污阀LCV24。

当LICA23达50%时投自动。

2.开104-J、汽包101-F建立液位（蒸汽系统图）

现场开101-U顶部放空阀LVV20。

现场开低压蒸汽进101-U阀PCV229。

开阀LVV24，加DMKO，以利分析101-U水中氧含量。

开104-J出口总阀MIC12。

开MIC1024。

开SP-7（在辅操台按"SP-7开"按钮）。

开阀LVV23加NH_3。

开104-J/JB（选一组即可）：

（1）开入口阀LVV25/LVV36；

（2）开平衡阀LVV27/LVV37；

（3）开回流阀LVV26/LVV30；

（4）开104-J的透平MIC-27/28，启动104-J/JB；

（5）开104-J出口小旁路阀LVV29/LVV32，控制LR1（LRCA76调至50%投自动）在50%。

可根据LICA23和LRCA76的液位情况而开启LVV28/LVV31。

开156-F的入口阀LVV04。

将LICA102投自动，设为50%。

开DO164，投用换热器106-C、134-C、103-C、123-C。

3.开101-BJ、101-BU点火升温（一段转化图、点火图）

开风门MIC30。

开MIC31_1—MIC31_4。

开AICRA8，控制氧含量（4%左右）。

开PICA21，控制辅锅炉炉膛101-BU负压（-60 Pa左右）。

全开顶部烧嘴风门LVV71、LVV73、LVV75、LVV77、LVV79、LVV81、LVV83、LVV85、LVV87（点火现场）。

开DO095，投用一段炉引风机101-BJ。

开PRCA19，控制PICA19在-50 Pa左右。

到辅操台按"启动风吹"按钮。

到辅操台把101-B工艺总联锁开关打旁路。

开燃料气进料截止阀LVV160。

全开PCV36（燃料气系统图）。

把燃料气进料总压力控制PRC34设在0.8 MPa投自动。

开点火烧嘴考克阀DO124—DO126（点火现场图）。

按点火启动按钮DO216—DO218（点火现场图）。

开主火嘴考克阀DO121—DO123（点火现场图）。

在燃料气系统图上开FRC1002。

全开MIC1284—MIC1264。

在辅操台上按"XV-1258复位"按钮。

在辅操台上按"101-BU主燃料气复位"按钮。

101-F升温、升压（蒸汽系统图）：

（1）在升压（PI90）前，稍开101-F顶部管放空阀LVV02；

（2）当产汽后开阀LVV14，加Na_3PO_4；

（3）当PI90>0.4 MPa时，开过热蒸汽总阀LVV03控制升压；

（4）关101-F顶部放空阀LVV02；

（5）当PI90达6.3 MPa、TRCA1238比TI1_34大于50—80 ℃时，进行安全阀试跳（仿真中省略）。

4.108-D升温、硫化（一段转化图）

开101-DA/102-DA（选一即可）步骤：

（1）全开101-DA/102-DA进口阀LLV204/LLV05；

（2）全开101-DA/102-DA出口阀LLV06/LLV07。

全开102-J大副线现场阀LLV15。

在辅操台上按和"SP-2开"按钮。

稍开102-J出口流量控制阀FRCA1。

全开108-D入口阀LLV35。

现场全开入界区NG大阀LLV201。

稍开原料气入口压力控制器PRC1。

开108-D出口放空阀LLV48。

将FRCA1缓慢提升至30%。

开141-C的低压蒸汽TIC22L，将TI1_1加热到40—50 ℃。

空气升温（二段转化）步骤如下：

（1）开二段转化炉103-D的工艺气出口阀HIC8；

（2）开TRCA10；

（3）开TRCA11。

启动101-J，控制PR-112在3.16 MPa步骤如下：

（1）开LLV14投101-J段间换热器CW；

（2）开LLV21投101-J段间换热器CW；

（3）开LLV22投101-J段间换热器CW；

（4）开LLV24；

（5）到辅操台上"FCV-44复位"按钮；

（6）全开空气入口阀LLV13；

（7）开101-J透平SIC101；

（8）按辅操台（图P7）上"101-J启动复位"按钮。

开空气升温阀LLV41，充压。

当PI63升到0.2～0.3 MPa时，渐开MIC26，保持PI63<0.3 MPa。

开阀LLV39，开SP-3旁路，加热103-D。

当温升速度减慢，点火嘴步骤：

（1）在辅操台上按"101-B燃料气复位"按钮；

（2）开阀LLV102；

（3）开炉顶烧嘴燃料气控制阀MIC1—MIC9；

（4）开一到九排点火枪；

（5）开一到九排顶部烧嘴考克阀。

当TR1-105达200 ℃、TR1-109达140 ℃后，准备MS升温。

5.MS升温（二段转化）

到辅操台按"SP-6开"按钮。

渐关空气升温阀LLV41。

开阀LLV42，开通MS进101-B的线路。

开FRCA2，将进101-B蒸汽量控制在10000～16000 m³/h。

控制PI-63<0.3 MPa。

当关空气升温阀LLV41后，到辅操台按"停101-J"。

开MIC19向103-D进中压蒸汽，使FI-51在1000～2000 kg/h。

当TR1_109达160 ℃后，调整FRCA2为20000 m³/h左右。

调整MIC19，使FI-51在2500～3000 kg/h。

当TR1_109达190 ℃后，调整PI63为0.7～0.8 MPa。

当TR_80/83达400 ℃以前，FRCA2提至60000～70000 m³/h，FI-51在45000 kg/h左右。

将TR1_105提升至760 ℃。

当TI_109为200 ℃时，开阀LLV31，加氢。

当AR_4<0.5 PPM稳定后，准备投料。

6.投料（脱硫图）

开102-J步骤如下：

（1）开阀LLV16，投102-J段间冷凝器130-C的CW水；

（2）开102-J防喘震控制阀FIC12；

（3）开PRC69，设定在1.5MPa投自动；

（4）全开102-J出口阀LLV18；

（5）开102-J透平控制阀PRC102；

（6）在辅操台上按"102-J启动复位"按钮。

关 102-J 大副线阀 LLV15。

渐开 108-D 入炉阀 LLV46。

渐关 108-D 出口放空阀 LLV48。

FRCA1 加负荷至 70%。

7. 加空气（二段转化及高低变）

到辅操台上按"停 101-J"按钮，使该按钮处于不按下状态，否则无法启动 101-J。

到辅操台上按"启动 101-J 复位"按钮。

到辅操台上按"SP-3 开"按钮。

渐关 SP-3 副线阀 LLV39。

各床层温度正常后（一段炉 TR1_105 控制在 853 ℃左右，二段炉 TI1_108 控制在 1100 ℃左右，高变 TR1_109 控制在 400 ℃左右），先开 SP-5 旁路均压后，再到辅操台（图 P7）按"SP-5"按钮，然后关 SP-5 旁路，调整 PI-63 到正常压力 292 MPa。

逐渐关小 MIC26 至关闭。

8. 联低变

开 SP-4 副线阀 LLV103，充压。

全开低变出口大阀 LLV153。

到辅操台按"SP-4 开"按钮。

关 SP-4 副线阀 LLV103。到辅操台按"SP-5 关"按钮。

调整 TRCA_11 控制 TI1_11 在 225 ℃。

9. 其他

开一段炉鼓风机 101-BJA。

101-BJA 出口压力控制 PICAS-103 达 1147 kPa，投自动。

开辅锅进风量调节 FIC1003。

调整 101-B、101-BU 氧含量为正常：AICRA6 为 3%，AICRA8 为 298%。

当低变合格后，若负荷加至 80%，点过热烧嘴，步骤如下：

（1）开过热烧嘴风量控制 FIC1004；

（2）到辅操台按"过热烧嘴燃料气复位"按钮；

（3）开过热烧嘴考克 DO073～DO092；

（4）开燃料气去过热烧嘴流量控制器 FIC1237；

（5）开阀 LLV161；

（6）到辅操台按"过热烧嘴复位"按钮。

当过热烧嘴点着后，到辅操台按"FAL67-加氢"按钮，加 H_2。

关事故风门 MIC30；关事故风门 MIC31_1-MIC31_4。

负荷从 80% 加至 100%，步骤如下：

（1）加大 FRCA2 的量；

（2）加大 FRCA1 的量；

当负荷加至100%正常后，到辅操台将101-B打联锁。

点烟道烧嘴，步骤如下：

（1）开进烟道烧嘴燃料气控制MIC10；

（2）开烟道烧嘴点火枪DO219；

（3）开烟道烧嘴考克阀DO113-DO120。

（二）正常工况

正常工况操作要点：

1.加减负荷顺序

加负荷：蒸汽、原料气、燃料气、空气

减负荷：燃料气、空气、原料气、蒸汽

2.加减负荷要点

加减量均以原料气量FRCA-1为准，每次2～3 t/h，间隔4～5 min，其他原料按比例加减。

转化岗位主要指标如表3-2、表3-3、表3-4、表3-5所示：

表3-2　温度设计值列表

序号	位号	说明	设计值/℃
1	TRCA10	104-DA入口温度控制	370
2	TRCA11	104-DB入口温度控制	240
3	TRCA1238	过热蒸汽温度控制	445
4	TR1_105	101-B出口温度控制	853
5	TI1_2	工艺蒸汽	327
6	TI1_3	辐射段原料入口	490
7	TI1_4	二段炉入口空气	482
8	TI1_34	汽包出口	314
9	TIA37	原料预热盘管出口	232
10	TI1_57～65	辐射段烟气	1060
11	TR-80、83	101-CB/CA入口	1000
12	TR-81、82	101-CB/CA出口	482
13	TR1_109	高变炉底层	429
14	TR1_110	低变炉底层	251
15	TI1_1	141-C原料气出口温度	40

表3-3　重要压力设计值列表

序号	位号	说明	设计值
1	PRC1	原料气压控	1.569 MPa
2	PRC34	燃料气压控	0.80 MPa
3	PRC1018	101-F压控	10.50 MPa
4	PRCA19	101-B炉膛负压控制	−50 Pa
5	PRCA21	101-BU炉膛负压控制	−60 Pa
6	PICAS103	总风道压控	1147 Pa
7	PRC102	102-J出口压控	3.95 MPa
8	PR12	101-J出口压力控制	3.21 MPa
9	PI63	104-C出口压力	2.92 MPa

表3-4　流量设计值表

序号	位号	说明	设计值
1	FRCA1	入101-B原料气	24556 m³/h
2	FRCA2	入101-B蒸汽	67000 m³/h
3	FRCA3	入103-D空气	33757 m³/h
4	FR32/FR34	燃料气流量	17482 m³/h
5	FRC1002	101-BU燃料气	2128 m³/h
6	FIC1237	混合燃料气去过热烧嘴	320 m³/h
7	FR33	101-F产气量	304 t/h
8	FRA410	锅炉给水流量	3141 t/h
9	FIC1003	去101-BU助燃空气	7611 m³/h
10	FIC1004	去过热烧嘴助燃空气	15510 m³/h
11	FIA1024	去锅炉给水预热盘管水量	157 t/h

表 3-5　其他参数表

序号	位号	说明	设计值/%
1	LR1	101-F 液位控制	50.0
2	LICA102	156-F 液位	50.0
3	LICA23	101-U 液位	60.0
4	LI9	101-F 液位	50.0
5	AICRA6	101-BU 烟气氧含量	3

（三）正常停车

1.停车前的准备工作

按要求准备好所需的盲板和垫片。

将引 N_2 胶带准备好。

如触媒需更换，应做好更换前的准备工作。

N_2 纯度≥99.8%（O_2 含量≤0.2%），压力>0.3 MPa，在停车检修中，一直不能中断。

停车期间分析项目：

（1）停工期间，N_2 纯度每 2 小时分析一次，O_2 纯度≤0.2% 为合格；

（2）系统置换期间，根据需要随时取样分析。

N_2 置换标准：

转化系统：CH_4<0.5%；

驰放气系统：CH_4<0.5%。

蒸汽、水系统：

在 101-BU 灭火之前以常规分析为准，控制指标在规定范围内，必要时取样分析。

2.停车步骤

接到调度停车命令后，先在辅操台上把工艺联锁开关置为旁路。

（1）转化工艺气停车

总控降低生产负荷至正常的 75%；

到辅操台上点"停过热烧嘴燃料气"按钮；

关各过热烧嘴的考克阀 DO073—DO092；

关 MIC10，停烟道烧嘴燃料气；

关各烟道烧嘴考克阀 DO113—DO120；

关烟道烧嘴点火枪 DO219；

当生产负荷降到 75% 左右时，切低变，开 SP-5，SP-5 全开后关 SP-4；

关低变出口大伐 LLV153；

开 MIC26，关 SP-5，使工艺气在 MIC26 处放空；

到辅操台上点"停101-J"按钮；

逐渐开打FRCA4，使空气在FRCA4放空，逐渐切除进103-D的空气；

全开MIC-19；

空气完全切除后到辅操台上点"SP-3关"按钮；

关闭空气进气阀LLV13；

关闭SIC101；

切除空气后，系统继续减负荷，根据炉温逐个关烧嘴；

在负荷降至50%～75%之间时，逐渐打开事故风门MIC30、MIC31_（1～4）；

停101-BJA；

关闭PICAS103；

开101-BJ，保持PRCA19在-50 Pa、PICA21在-250 Pa以上，保证101-B能够充分燃烧；

在负荷减至25%时，FRCA2保持10000 m³/h，开102-J大副线阀LLV15；

停102-J，关PRC102；

开108-D出口阀LLV48，放空；

当TI1_105降至600 ℃时，将FRCA2降至50000 m³/h；

TR1_105降至350～400 ℃时，到辅操台上按"SP-6关J"按钮，切除蒸汽；

蒸汽切除后，关死FRCA2；

关MIC19；

在蒸汽切除的同时，在辅操台上点"停101-B燃料气"按钮；

一段炉顶部烧嘴全部熄灭，关烧嘴考克阀DO001—DO072，自然降温；

关一段炉顶部烧嘴各点火枪DO207—DO215。

（2）辅锅和蒸汽系统停车：

101-B切除原料气后，根据蒸汽情况减辅锅TR1_54温度；

到辅操台上点"停101-BU主燃料气"按钮；

关主烧嘴燃料气考克阀DO121-DO123；

关点火烧嘴考克阀DO216-DO218；

当101-F的压力PI90降至0.4 MPa时改由顶部放空阀LVV02放空；

关过热蒸汽总阀LVV03；

关LVV14，停加Na₃PO₄；

关MIC27/28，停104-J/JB；

关MIC12；

关MIC1024，停止向101-F进液；

关LVV24，停加DMKO；

关LVV23，停加NH₃；

关闭LICA23，停止向101-U进液；

当 101-BU 灭火后，TR1_105<80 ℃时，关 DO094，停 101-BJ；

关闭 PRCA19；

关闭 PICA21。

（3）燃料气系统停车

101-B 和 101-BU 灭火后，关 PRC34；

关 PRC34 的截止阀 LLV160；

关闭 FIC1237；

关闭 FRC1002。

（4）脱硫系统停车

108-D 降温至 200℃，关 LLV30，切除 108-D 加氢；

关闭 PRC1；

关原料气入界区 NG 大阀 LLV201；

当 108-D 温度降至 40 以下时，关原料气进 108-D 大阀 LLV35；

关 LLV204/LLV05，关进 101-DA/102-DA 的原料天然气；

关 TIC22L，切除 141-C。

五、注意事项

在装置停工期间注意事项：

1.停工期间要注意安全，穿戴劳保用品，防止出现各类人身事故。

2.停工期间要做到不超压、不憋压、不串压，安全平稳停车。注意工艺指标不能超过设计值，控制降压速度不得超过 0.05 MPa/min。

3.做好触媒的保护，防止水泡、氧化等，停车期间要一直充 N_2 保护在正压以上。

六、思考题

1.请简述合成氨转化工段的流程。

2.试分析当原料气发生故障而断气时，在操作上应该怎样应对。

实验四　合成氨净化工艺仿真实验

一、实验目的

了解并掌握合成氨净化工段操作要点及流程。

二、实验原理

1.脱碳

变换气中的 CO_2 是氨合成触媒（镍的化合物）的一种毒物，因此，在进行氨合成之前必须从气体中脱除干净。工艺气体中大部分 CO_2 是在 CO_2 吸收塔 101-E 中用活化 aMDEA 溶液进行逆流吸收脱除的。从变换炉（104-D）出来的变换气（温度 60 ℃、压力 2799 MPa），用变换气分离器 102-F 将其中大部分水分除去以后，进入 CO_2 吸收塔 101-E 下部的分布器。气体在塔 101-E 内向上流动穿过塔内塔板，使工艺气与塔顶加入的向下流动的贫液［解吸了 CO_2 的 aMDEA 溶液，40 ℃（TI1_24）］充分接触，脱除工艺气中所含 CO_2。再经塔顶洗涤段除沫层后出 CO_2 吸收塔，出 CO_2 吸收塔 101-E 后的净化气去往净化气分离器 121-F，在管路上由喷射器喷入从变换气分离器（102-F）来的工艺冷凝液（由 FICA17 控制），进一步洗涤。经净化气分离器（121-F）分离出喷入的工艺冷凝液，净化后的气体，温度 44 ℃，压力 2764 MPa，去甲烷化工序（106-D），液体与变换冷凝液汇合液由液位控制器 LICA26 调节去工艺冷凝液处理装置。

从 CO_2 吸收塔 101-E 出来的富液（吸收了 CO_2 的 aMDEA 溶液）先经溶液换热器（109-CB1/2）加热，再经溶液换热器（109-CA1/2），被 CO_2 汽提塔 102-E（102-E 为筛板塔，共 10 块塔板）出来的贫液加热至 105 ℃（TI109），由液位调节器 LIC4 控制，进入 CO_2 汽提塔（102-E）顶部的闪蒸段，闪蒸出一部分 CO_2，然后向下流经 102-E 汽提段，与自下而上流动的蒸汽汽提再生。再生后的溶液进入变换气煮沸器（105-CA/B）、蒸汽煮沸器（111-C），经煮沸成汽液混合物后返回 102-E 下部汽提段，气相部分作为汽提用气，液相部分从 102-E 底部出塔。

从 CO_2 汽提塔 102-E 底部出来的热贫液先经溶液换热器（109-CA1/2）与富液换热降温后进贫液泵，经贫液泵（107-JA/JB/JC）升压，贫液再经溶液换热器（109-CB1/2）进一步冷却降温后，经溶液过滤器 101-L 除沫后，进入溶液冷却器（108-CB1/2）被循环水冷却至40℃（TI1_24）后，进入CO₂吸收塔101-E上部。

从CO₂汽提塔102-E顶部出来的CO₂气体通过CO₂汽提塔回流罐103-F除沫后，从塔103-F顶部出去，或者送入尿素装置或者放空，压力由PICA89或PICA24控制。分离出来的冷凝水由回流泵（108-J/JA）升压后，经流量调节器FICA15控制返回CO₂吸收塔101-E的上部。103-F的液位由LICA5及补入的工艺冷凝液（VV043支路）控制。

2. 甲烷化

因为碳的氧化物是氨合成触媒的毒物，因此在进行合成之前必须去除干净，甲烷化反应的目的是要从合成气中完全去除碳的氧化物，它是将碳的氧化物通过化学反应转化成甲烷来实现的，甲烷在合成塔中可以看成是惰性气体，可以达到去除碳的氧化物的目的。

甲烷化系统的原料气来自脱碳系统，该原料气先后经合成气-脱碳气换热器（136-C）预热至117.5℃（TI104）、高变气-脱碳气换热器（104-C）加热到160℃（TI105），进入甲烷化炉（106-D），炉内装有18 m³、J-105型镍催化剂，气体自上部进入106-D，气体中的CO和CO₂与H₂反应生成CH₄和H₂O。系统内的压力由压力控制器PIC5调节。甲烷化炉（106-D）的出口温度为363℃（TIAI1002A），依次经锅炉给水预热器（114-C）、甲烷化气脱盐水预热器（134-C）和水冷器（115-C），温度降至40℃（TI139），甲烷化后的气体中CO（AR2_1）和CO₂（AR2_2）含量降至10×10^{-12}以下，进入合成气压缩机吸收罐104-F进行气液分离。

甲烷化反应如下：

$$CO + 3H_2 \Longleftrightarrow CH_4 + H_2O + 206.3kJ \tag{3-10}$$

$$CO_2 + 4H_2 \Longleftrightarrow CH_4 + 2H_2O + 165.3kJ \tag{3-11}$$

冷凝液回收系统：

自低变104-D来的工艺气260℃（TI130），经102-F底部冷凝液猝冷后，再经105-C、106-C换热至60℃，进入102-F，其中工艺气中所带的水分沉积下来，脱水后的工艺气进入CO₂吸收塔101-E脱除CO₂。102-F的水一部分进入103-F，一部分经换热器E66401换热后进入C66401，由管网来的327℃（TI143）的蒸汽进入C66401的底部，塔顶产生的气体进入蒸汽系统，底部液体经E66401、E66402换热后排出。

三、实验流程

实验流程图包括：合成净化工段总图（图3-35）、脱碳系统图（图3-36）、甲烷化系统图（图3-37）、冷凝液回收系统图（图3-38）等。

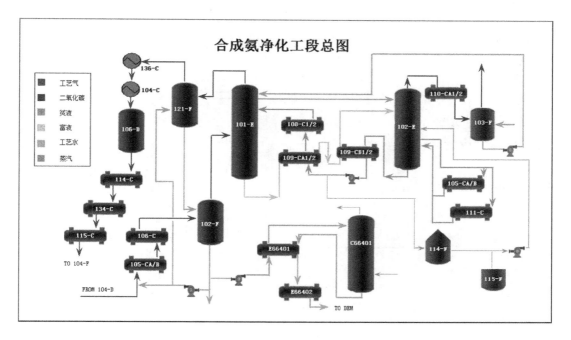

图3-35　合成氨净化工段——总图

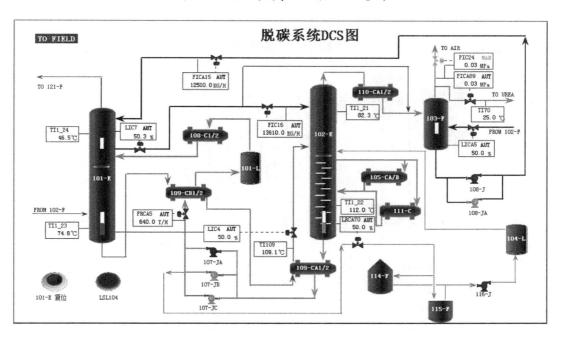

图3-36　合成氨净化工段——脱碳系统DCS图

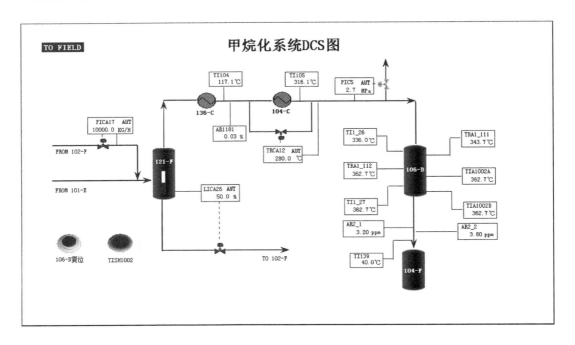

图 3-37 合成氨净化工段——甲烷化系统DCS图

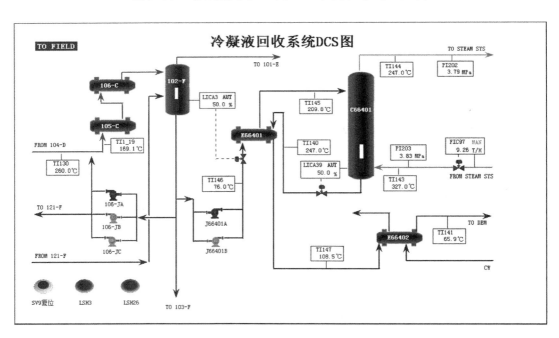

图 3-38 合成氨净化工段——冷凝液回收系统DCS图

四、实验步骤

（一）正常开车

1.脱碳系统开车

打开 CO_2 汽提塔 102-E 塔顶放空阀 VV075，CO_2 吸收塔 101-E 底阀 SP73。

将 PIC5 设定在 27 MPa、PIC24 设定在 0.03 MPa，并投自动。

开充压阀 VV072，VX0049 给 CO_2 吸收塔 101-E 充压，同时全开 HIC9。

现场启动 116-J，开阀给 CO_2 汽提塔 102-E 充液：

（1）打开泵入口阀 VV010；

（2）现场启动泵 116-J；

（3）打开泵出口阀 VV011、VV013。

LRCA70 到 50% 时，投自动，若 LRCA70 升高太快，可间断开启 VV013 来控制。

启动 107-J（任选 1），开 FRCA5 给 101-E 充液：

（1）打开泵入口阀 VV003/VV005/VV007；

（2）现场启动泵 107-JA/107-JB/107-JC；

（3）打开泵出口阀 VV002/VV004/VV006；

（4）打开调节阀 FRCA56、LIC4 到 50% 后，开启 LIC4 并投自动 50%，建立循环。

投用 LSL104（101-E 液位低联锁）。

投用 CO_2 吸收塔、CO_2 汽提塔顶冷凝罐 108-C、110-C：现场开阀 VX0009、VX0013 进冷却水。

注意 TI1-21、TI1-24 的温度显示。

投用 111-C 加热 CO_2 汽提塔 102-E 内液体，现场开阀 VX0021 进蒸汽。

投用 LSH3（102-F 液位低联锁）、LSH26（121-F 液位低联锁）。

间断开关现场阀 VV114 建立 102-F 液位（脱盐水自氢回收来）。

LICA3 达 50% 后，启动 106-J（任选 1）：

（1）现场打开泵入口阀 VV103/VV105/VV107；

（2）启动泵 106-JA/106-JB/106-JC；

（3）现场打开泵出口阀 VV102/VV104/VV106。

打开 LICA5 给 CO_2 汽提塔回流液槽 103-F 充液。

LICA5 到 50% 时，投自动，并启动 108-J（任选 1），开启 LICA5：

（1）现场打开泵入口阀 VV015/VV017；

（2）现场启动泵 108-JA/B；

（3）现场打开泵出口阀 VV014/VV016；

（4）打开调节阀 FICA15；

（5）LICA5投自动，设为50%。

LIC7达到50%后，LIC750%投自动（LIC7升高过快可间断开启VV041控制），开FIC16建水循环。

投用FICA17，LICA26投自动，设为50%。

开SP-5（控制自高低变入102-F的工艺气流量）副线阀VX0044，均压。

全开变换气煮沸器106-C的热物流进口阀VX0042。

关副线阀VX0044，开SP-5主路阀VX0020。

关充压阀VV072，开工艺气主阀旁路VV071，均压，关闭102-E塔顶放空阀VV075。

关旁路阀VV071及VX0049，开主阀VX0001，关阀VX0021停用111-C。

开阀MIC11，猝冷工艺气。

2.甲烷化系统开车

开阀VX0022，投用136-C。

开阀VX0019，投用104-C。

开启TRCA12。

投用甲烷化炉106-D温度联锁TISH1002。

打开阀VX0011投用甲烷化炉脱盐水预热器134-C，打开阀VX0012投用水冷器115-C，打开SP71。

稍开阀MIC21对甲烷化炉106-D进行充压。

打开阀VX0010投用锅炉给水预热器114-C。

全开阀MIC21，关闭PIC5。

3.工艺冷凝液系统开车

打开阀VX0043投用C66402。

LICA3达50%时，启动泵J66401（任选1）：

（1）现场打开泵入口阀VV109/VV111；

（2）启动泵J66401A/B；

（3）现场打开泵出口阀VV108/VV110。

控制阀LICA3，LICA39设定在50%时，投自动。

开阀VV115。

开C66401顶放空阀VX0046。

关C66401顶放空阀VX0046，开FIC97。

开中压蒸汽返回阀VX0045，并入101-B。

净化岗位主要指标如表3-6和表3-7所示：

表3-6 温度设计值

序号	位号	说明	设计值/℃
1	TI1_21	102-E塔顶温度	90
2	TI1_22	102-E塔底温度	110.8
3	TI1_23	101-E塔底温度	74
4	TI1_24	101-E塔顶温度	45
5	TI1_19	工艺气进102-F温度	178
6	TI140	E66401塔底温度	247
7	TI141	C66401热物流出口温度	64
8	TI143	蒸汽进E66401温度	327
9	TI144	E66401塔顶气体温度	247
10	TI145	冷物流出C66401温度	212.4
11	TI146	冷物流入C66401温度	76
12	TI147	冷物流入C66402温度	105
13	TI104	工艺气出136-C温度	117
14	TI105	工艺气出104-C温度	316
15	TI109	富液进102-E的温度	105
16	TI139	甲烷化后气体出115-C温度	40

表3-7 压力设计值

序号	位号	说明	设计值/MPa
1	PI202	E66401入口蒸汽压力	3.86
2	PI203	E66401出口蒸汽压力	3.81

（二）正常停车

1.烷化停车步骤

开启工艺气放空阀VV001。

关闭106-D的进气阀MIC21。

关闭136-C的蒸汽进口阀VX0022。

关闭104-C的蒸汽进口阀VX0019。

停联锁TISH1002。

2.脱碳系统停车步骤

停联锁LSL104、LSH3、LSH26。

关CO_2去尿素截止阀VV076（图1现场103-F顶截止阀）。

关工艺气入102-F主阀VX0020，关闭工艺气入101-E主阀VX0001。

停泵106-J，关阀MIC11（猝冷工艺气冷凝液阀）及FICA17。

停泵J66401，关102-F液位调节器LICA3。

关103-F液位调节器LICA5。

停泵108-J，关闭FICA15、LIC7、FIC16。

停泵116-J，关闭VV013，关进蒸汽阀VX0021。

关阀FRCA5（退液阀LRCA70在图1现场，泵107J至储槽115F间）。

开启充压阀VV072、VX0049，全开LIC4、LRCA70。

LIC4降至0时，关闭充压阀VV072、VX0049，关阀LIC4。

102-E液位LRCA70降至5%时停泵107-J。

102-E液位降至5%后关退液阀LRCA70。

3.工艺冷凝液系统停车

关C66401顶蒸汽去101-B截止阀VX0045。

关蒸汽入口调节器FIC97。

关冷凝液去水处理截止阀VV115。

开C66401顶放空阀VX0046。

至常温、常压，关放空阀VX0046。

五、思考题

试用简图描述合成氨净化工段流程。

实验五　合成氨合成工艺仿真实验

一、实验目的

1.了解合成氨的合成机理。

2.了解并掌握合成氨合成工段操作要点及流程。

二、实验原理

氨的合成是氨厂最后一道工序，任务是在适当的温度、压力和有催化剂存在的条件下，将经过精制的氢、氮混合气直接合成为氨。然后将所生成的气体氨从未合成为氨的混合气体中冷凝分离出来，得到产品液氨，分离氨后的氢、氮气体循环使用。

氨合成的化学反应式如下：

$$3H_2+N_2 \Longleftrightarrow 2NH_3+Q \tag{3-12}$$

这一化学反应具有如下几个特点：

（1）是可逆反应，即在氢气和氮气反应生成氨的同时，氨也分解成氢气和氮气；

（2）是放热反应，在生成氨的同时放出热量，反应热与温度、压力有关；

（3）是体积缩小的反应；

（4）反应需要有催化剂才能较快地进行。

反应机理：

氮与氢自气相空间向催化剂表面接近，其绝大部分自外表面向催化剂毛细孔的内表面扩散，并在表面上进行活性吸附。吸附氮与吸附氢及气相氢进行化学反应，依次生成NH、NH_2、NH_3，后者至表面脱附后进入气相空间。可将整个过程表示如下：

$$N_2(气相) \longrightarrow N_2(吸附) \xrightarrow{\text{气相中的}H_2} 2NH(吸附) \xrightarrow{\text{气相中的}H_2}$$

$$2NH_2(吸附) \xrightarrow{\text{气相中的}H_2} 2NH_3(吸附) \xrightarrow{\text{脱吸}} 2NH_3(气相)$$

在上述反应过程中，当气流速度相当大，催化剂粒度足够小时，外扩散和内扩散因素对反应影响很小，而在催化剂上吸附氮的速度在数值上很接近于合成氨的速度，即氮的活性吸附步骤进行得最慢，是决定反应速度的关键。这就是说氨的合成反应速度是由氮的吸附速度所控制的。

影响合成塔反应的条件：

（1）温度：温度变化对合成氨反应的影响有两个方面：平衡浓度、反应速度。因为合成氨的反应是放热的，温度升高使氨的平衡浓度降低，同时又使反应加速，这表明在远离平衡的情况下，温度升高时合成效率就比较高，而另一方面对于接近平衡的系统来说，温度升高时合成效率就比较低。在不考虑触媒衰老时，合成效率总是直接随温度变化的。合成效率的定义是：反应后的气体中实际的氨的百分数与所讨论的条件下理论上可能得到的氨的百分数之比。

（2）压力：氨合成是体积缩小的反应，所以氨的平衡百分数将随压力提高而增加，同时反应也随压力的升高而加速，因此提高压力将促进反应。

（3）空速：在较高的工艺气速（空间速度）下，反应的时间比较少，此时合成塔出口的氨浓度就会比低空速时低。但是，此时产率的降低百分比远小于空速增加的百分比。由于有较多的气体经过合成塔，所增加的氨产量足以弥补由于停留时间短、反应不完全而引起的产量降低，所以在正常的产量或者在低于正常产量的情况下，其他条件不变时，增加合成塔的气量会提高产量。一般来说，通常是采取改变循环气量的办法来改变空速的，循环量增加时，由于单程合成效率的降低，触媒层的温度会降低，由于总的氨产量增加，系统的压力也会降低。系统中MIC-22关小时，循环量就加大，当MIC-22完全关闭时，循环量最大。

（4）氢氮比：送往合成部分的新鲜合成气的氢氮比通常应维持在3∶1左右。但是研究发现合成塔内的氢氮比为2.5∶1～3∶1时，合成效率最高。故为了使进入合成塔的混合气能达到最好的氢氮比，新鲜气中的氢氮比可以稍稍与3∶1不同。

（5）惰性气体：有一部分气体连续地从循环机的吸入端往吹出气系统放空，这是为了控制甲烷及其他惰性气体的含量，否则它们将在合成回路中积累使体系合成效率降低、系统压力升高及生产能力下降。

（6）新鲜气：单独把新鲜气的流量加大可以生产更多的氨并对上述条件造成的影响有：系统压力增长、触媒床温度升高、惰性气体含量增加、氢氮比可能会改变。反之，合成气量减少，效果则相反。在正常的操作条件下，新鲜气量是由产量决定的，但是，合成部分进气的增加必须以工厂造气工序产气量增加为前提。

合成反应的操作控制：

合成系统是从合成气体压缩机的管线开始的，气体（氢氮比为3∶1的混合气）的消耗量取决于操作条件、触媒的活性以及合成回路总的生产能力。被移去的或反应了的气体是由压缩机来的气体不断进行补充的，如果新鲜气过量，产量增至压缩机的极限能力，新鲜气就在一段压缩之前从104-F吸入罐处放空；如果气量不足，压缩机就减慢，回路的压力下降直至氨的产量降低到与进来的气量成平衡为止。

为了改变合成回路的操作，可以改变一个或几个条件，较重要的控制条件如下：新鲜气量合成塔的入口温度；循环气量氢氮比；高压吹出气量新鲜气的纯度；触媒层的温度。

注意这里没有把系统的压力作为一个控制条件列出，因为压力的改变常常是其他条件变化的结果，以提高压力为唯一目的而不考虑其他效果的变化是很少的。

合成系统通常是这样操作的，即把压力控制在极限值以下适当处，把吹出气量减少到最小限度，同时把合成塔维持在足够低的温度以增长触媒寿命，在新鲜气量及放空气量正常以及合成温度适宜的条件下，较低的压力通常表明操作良好。

三、实验流程

图3-39是合成氨合成工艺流程简图、图3-40是合成氨合成氨合成塔DCS图、图3-41是合成氨合成合成工段DCS图、图3-42是合成氨合成冷冻工段DCS图。

1.合成系统

从甲烷化来的新鲜气〔40 ℃、2.6 MPa、V（H_2）：V（N_2）=3：1〕先经压缩前分离罐104-F进合成气压缩机103-J低压段，在压缩机的低压缸将新鲜气压缩到合成所需要的最终压力的二分之一左右，出低压段的新鲜气先经106-C用甲烷化进料气冷却至93.3 ℃，再经水冷器116-C冷却至38 ℃，最后经氨冷器129-C冷却至7 ℃，后与回收来的氢气混合进入中间分离罐105-F，从中间分离罐出来的氢氮气再进合成气压缩机高压段。

合成回路来的循环气与经高压段压缩后的氢氮气混合后进压缩机循环段，从循环段出来的合成气进合成系统水冷器124-C。高压合成气自最终冷却器124-C出来后，分两路继续冷却，第一路串联通过原料气和循环气一级氨冷器117-C和二级氨冷器118-C的管侧，冷却介质都是冷冻用液氨，另一路通过就地的MIC-23节流后，在合成塔进气和循环气换热器120-C的壳侧冷却，两路会合后，又在新鲜气和循环气三级氨冷器119-C中用三级液氨闪蒸槽112-F来的冷冻用液氨进行冷却，冷却至-23.3 ℃。冷却后的气体经过水平分布管进入高压氨分离器106-F，在前几个氨冷器中冷凝下来的循环气中的氨就在106-F中分出，分离出来的液氨送往冷冻中间闪蒸槽107-F。从氨分离器出来后，循环气就进入合成塔进气-新鲜气和循环气换热器120-C的管侧，从壳侧的工艺气体中取得热量，然后又进入合成塔进气-出气换热器121-C的管侧，再由HCV-11控制进入合成塔105-D，在121-C管侧的出口处分析气体成分。

SP-35是一专门的双向降爆板装置，用来保护121-C的换热器，防止换热器的一侧卸压导致压差过大而引起破坏。

合成气进气由合成塔105-D的塔底进入，自下而上地进入合成塔，经由MIC-13直接到第一层触媒的入口，用以控制该处的温度，这一近路有一个冷激管线和两个进层间换热器副线可以控制第二层、第三层的入口温度，必要时可以分别用MIC-14、MIC-15和MIC-16进行调节。气体经过最底下一层触媒床后，又自下而上地把气体导入内部换热器的管侧，把热量传给进来的气体，再由105-D的顶部出口引出。

合成塔出口气进入合成塔-锅炉给水换热器123-C的管侧，把热量传给锅炉给水，接着又在121-C的壳侧与进塔气换热而进一步被冷却，最后回到103-J高压缸循环段（最后一个叶轮）而完成了整个合成回路。合成塔出来的气体有一部分是从高压吹出气分离缸

108-F经MIC-18调节并用Fl-63指示流量后，送往氢回收装置或送往一段转化炉燃料气系统。从合成回路中排出气是为了控制气体中的甲烷化和氩的浓度，甲烷和氩在系统中积累多了会使氨的合成率降低。吹出气在进入分离罐108-F以前先在氨冷器125-C冷却，由108-F分出的液氨送低压氨分离器107-F回收。

合成塔备有一台开工加热炉（102-B），它是用于开工时把合成塔升温至反应温度，开工加热炉的原料气流量由FI-62指示，另外，它还设有一低流量报警器FAL-85与FI-62配合使用，MIC-17调节102-B燃料气量。

2.冷冻系统

合成来的液氨进入中间闪蒸槽，闪蒸出的不凝性气体通过PICA-8排出作为燃料气送一段炉燃烧。分离器107-F装有液面指示器LI-12。液氨减压后由液位调节器LICA-12调节进入三级闪蒸罐112-F进一步闪蒸，闪蒸后作为冷冻用的液氨进入系统中。冷冻的一、二、三级闪蒸罐操作压力分别为：0.4 MPa（G）、0.16 MPa（G）、0.0028 MPa（G），三台闪蒸罐与合成系统中的第一、二、三氨冷器相对应，它们是按热虹吸原理进行冷冻蒸发循环操作的。液氨由各闪蒸罐流入对应的氨冷器，吸热后的液氨蒸发形成的气液混合物又回到各闪蒸罐进行气液分离，气氨分别进氨压缩机105-J各段气缸，液氨分别进各氨冷器。

由液氨接收槽109-F来的液氨逐级减压后补入到各闪蒸罐。一级闪蒸罐110-F出来的液氨除送第一氨冷器117-C外，另一部分作为合成气压缩机103-J一段出口的氨冷器129-C和闪蒸罐氨冷器126-C的冷源。氨冷器129-C和126-C蒸发的气氨进入二级闪蒸罐111-F，110-F多余的液氨送往111-F。111-F的液氨除送第二氨冷器118-C和弛放气氨冷器125-C作为冷冻剂外，其余部分送往三级闪蒸罐112-F。112-F的液氨除送119-C外，还可以由冷氨产品泵109-J作为冷氨产品送液氨贮槽贮存。

由三级闪蒸罐112-F出来的气氨进入氨压缩机105-J一段压缩，一段出口与111-F来的气氨汇合进入二段压缩，二段出口气氨先经压缩机中间冷却器128-C冷却后，与110-F来的气氨汇合进入三段压缩，三段出口的气氨经氨冷凝器127-CA、127-CB冷凝的液氨进入接收槽109-F。109-F中的闪蒸气去闪蒸罐氨冷器126-C，冷凝分离出来的液氨流回109-F，不凝气当作燃料气送一段炉燃烧。109-F中的液氨一部分减压后送至一级闪蒸罐110-F，另一部分作为热氨产品经热氨产品泵1-3P-1、1-3P-2送往尿素装置。

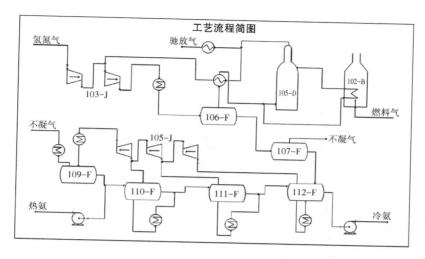

图3-39 合成氨合成——工艺流程简图

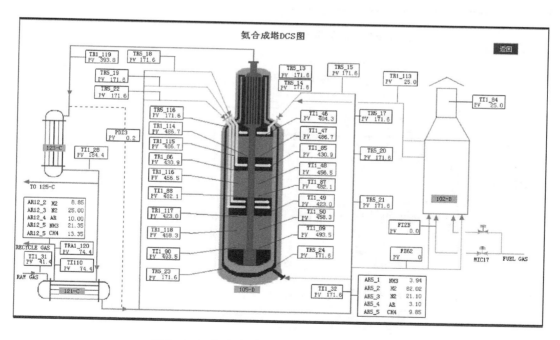

图3-40 合成氨合成——氨合成塔DCS图

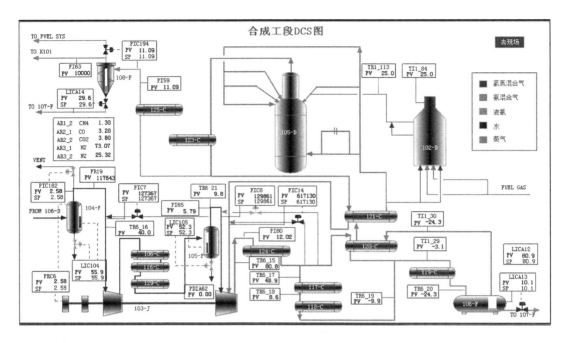

图 3-41 合成氨合成——合成工段 DCS 图

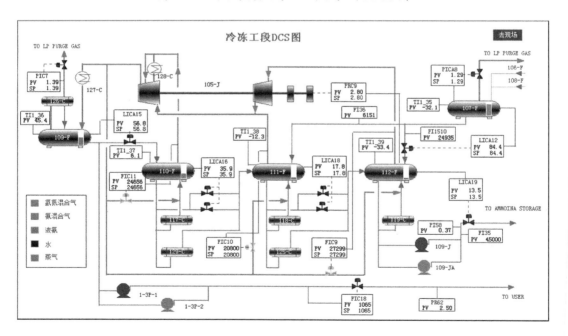

图 3-42 合成氨合成——冷冻工段 DCS 图

四、实验步骤

（一）正常开车

1.合成系统开车

投用 LSH109（104-F 液位高联锁）、LSH111（105-F 液位高联锁）（辅助控制盘画面）。

打开 SP71（合成工段现场），把工艺气引入 104-F，PIC-182（合成工段 DCS）设置在 26 MPa 投自动。

显示合成塔压力的仪表换为低量程表 Ⓛ（合成工段现场合成塔旁）。

投用 124-C（合成工段现场开阀 VX0015 进冷却水）、123-C（合成工段现场开阀 VX0016 进锅炉水预热合成塔塔壁）、116-C（合成工段现场开阀 VX0014），打开阀 VV077、VV078，投用 SP35（合成工段现场合成塔底右部进口处）。

按 103-J 复位（辅助控制盘画面），然后启动 103-J（合成工段现场启动按钮），开泵 117-J 注液氨（在冷冻系统图的现场画面）。

开 MIC23、HCV11，把工艺气引入合成塔 105-D，合成塔充压（合成工段现场图）。

逐渐关小防喘振阀 FIC7、FIC8、FIC14。

开 SP1 副线阀 VX0036 均压后（一小段时间），开 SP1，开 SP72（在合成塔现场图画面上）及 SP72 前旋塞阀 VX0035（合成塔现场图）。

当合成塔压力达到 1.4 MPa 时换高量程压力表 Ⓗ（现场图合成塔旁）。

关 SP1 副线阀 VX0036，关 SP72 及前旋塞阀 VX0035，关 HCV-11。

开 PIC-194 设定在 10.5 MPa，投自动（108-F 出口调节阀）。

开入 102-B 旋塞阀 VV048，开 SP70。

开 SP70 前旋塞阀 VX0034，使工艺气循环起来。

打开 108-F 顶 MIC18 阀（开度为 100）（合成现场图）。

投用 102-B 联锁 FSL85（辅助控制盘画面）。

打开 MIC17（合成塔系统图）进燃料气，102-B 点火（合成现场图），合成塔开始升温。

开阀 MIC14 调节合成塔中层温度，开阀 MIC15、MIC16，控制合成塔下层温度（合成塔现场图）。

停泵 117-J，停止向合成塔注液氨。

PICA8 设定在 1.68 MPa 投自动（冷冻工段 DCS 图）。

LICA14 设定在 50% 投自动，LICA13 设定在 40% 投自动（合成工段 DCS 图）。

当合成塔入口温度达到反应温度 380 ℃时，关 MIC17，102-B 熄火，同时打开阀门 HCV11 预热原料气。

关入 102-B 旋塞阀 VV048，现场打开氢气补充阀 VV060。

开 MIC13 进冷激起调节合成塔上层温度。

106-F 液位 LICA-13 达 50% 时，开阀 LCV13，把液氨引入 107-F。

2. 冷冻系统开车

投用 LSH116（110-F 液位高联锁）、LSH118（111-F 液位高联锁）、LSH120（112-F 液位高联锁）、PSH840，841 联锁（辅助控制盘）。

投用 127-C（冷冻系统现场开阀 VX0017 进冷却水）。

打开 109-F 充液氨阀门 VV066，建立 80% 液位（LICA15 至 80%）后关充液阀。

PIC7 设定值为 1.4 MPa，投自动。

开三个制冷阀（在现场图开阀 VX0005、VX0006、VX0007）。

按 105-J 复位按钮，然后启动 105-J（在现场图开启动按钮），开出口总阀 VV084。

开 127-C 壳侧排放阀 VV067。

开阀 LCV15（打开 LICA15）建立 110-F 液位。

开出 129-C 的截止阀 VV086（在现场图）。

开阀 LCV16（打开 LICA16）建立 111-F 液位。

开阀 LCV18（LICA18）建立 112-F 液位。

投用 125-C（打开阀门 VV085）。

当 107-F 有液位时开 MIC24，向 111-F 送氨。

开 LCV-12（开 LICA12）向 112-F 送氨。

关制冷阀（在现场图关阀 VX0005，VX0006，VX0007）。

当 112-F 液位达 20% 时，启动 109-J/JA 向外输送冷氨。

当 109-F 液位达 50% 时，启动 1-3P-1/2 向外输送热氨。

3. 正常操作时的各项工艺指标，如表 3-8、表 3-9、表 3-10 所示。

表 3-8　温度设计值表

序号	位号	说明	设计值/℃
1	TR6_15	出 103-J 二段工艺气温度	120.0
2	TR6_16	入 103-J 一段工艺气温度	40.0
3	TR6_17	工艺气经 124-C 后温度	38.0
4	TR6_18	工艺气经 117-C 后温度	10.0
5	TR6_19	工艺气经 118-C 后温度	-9.0
6	TR6_20	工艺气经 119-C 后温度	-23.3
7	TR6_21	入 103-J 二段工艺气温度	38.0

续表 3-8

序号	位号	说明	设计值/℃
8	TI1_28	工艺气经123-C后温度	166.0
9	TI1_29	工艺气进119-C温度	-9.0
10	TI1_30	工艺气进120-C温度	-23.3
11	TI1_31	工艺气出121-C温度	140.0
12	TI1_32	工艺气进121-C温度	23.2
13	TI1_35	107-F罐内温度	-23.3
14	TI1_36	109-F罐内温度	40.0
15	TI1_37	110-F罐内温度	4.0
16	TI1_38	111-F罐内温度	-13.0
17	TI1_39	112-F罐内温度	-33.0
18	TI1_46	合成塔一段入口温度	401.0
19	TI1_47	合成塔一段出口温度	480.8
20	TI1_48	合成塔二段中温度	430.0
21	TI1_49	合成塔三段入口温度	380.0
22	TI1_50	合成塔三段中温度	400.0
23	TI1_84	开工加热炉102-B炉膛温度	800.0
24	TI1_85	合成塔二段中温度	430.0
25	TI1_86	合成塔二段入口温度	419.9
26	TI1_87	合成塔二段出口温度	465.5
27	TI1_88	合成塔二段出口温度	465.5
28	TI1_89	合成塔三段出口温度	434.5
29	TI1_90	合成塔三段出口温度	434.5
30	TR1_113	工艺气经102-B后进塔温度	380.0
31	TR1_114	合成塔一段入口温度	401.0

续表3-8

序号	位号	说明	设计值/℃
32	TR1_115	合成塔一段出口温度	480.0
33	TR1_116	合成塔二段中温度	430.0
34	TR1_117	合成塔三段入口温度35	380.0
35	TR1_118	合成塔三段中温度	400.0
36	TR1_119	合成塔塔顶气体出口温度	301.0
37	TRA1_120	循环气温度	144.0
38	TR5_（13-24）	合成塔105-D塔壁温度	140.0

表3-9　重要压力设计值表

序号	位号	说明	设计值/MPa
1	PI59	108-F罐顶压力	10.5
2	PI65	103-J二段入口流量	6.0
3	PI80	103-J二段出口流量	12.5
4	PI58	109-J/JA后压	2.5
5	PR62	1_3P-1/2后压	4.0
6	PDIA62	103-J二段压差	5.0

表3-10　重要流量设计值表

序号	位号	说明	设计值/kg·h⁻¹
1	FR19	104-F的抽出量	11000
2	FI62	经过开工加热炉的工艺气流量	60000
3	FI63	弛放氢气量	7500
4	FI35	冷氨抽出量	20000
5	FI36	107-F到111-F的液氨流量	3600

（二）装置正常停工过程

1.合成系统停车

关阀 MIC18 弛放气。

停泵 1–3P–1/2。

工艺气由 MIC–25 放空，103–J 降转速（此处无须操作）。

依次打开 FCV14、FCV8、FCV7，注意防喘振。

逐关 MIC14、MIC15、MIC16，合成塔降温。

106–F 液位 LICA–13 降至 5% 时，关 LCV–13。

108–F 液位 LICA–14 降至 5% 时，关 LCV–14。

关 SP1、SP70。

停 125–C，129–C（现场关阀 VV085、VV086）。

停 103–J。

2.冷冻系统停车

渐关阀 FV11，105–J 降转速（此处无须操作）。

关 MIC–24。

107–F 液位 LICA–12 降至 5% 时关 LCV–12。

现场开三个制冷阀 VX0005、VX0006、VX0007，提高温度，蒸发剩余液氨。

待 112–F 液位 LICA–19 降至 5% 时，停泵 109–JA/B。

停 105–J。

五、注意事项

在装置中一般设有自动保护系统。在装置发生紧急事故，无法维持正常生产时，为控制事故的发展，避免事故蔓延发生恶性事故，确保装置安全，并能在事故排除后及时恢复生产。自动保护系统的操作如下所述：

1.在装置正常生产过程中，自保切换开关应在"AUTO"位置，表示自保投用。

2.开车过程中，自保切换开关在"BP（Bypass）"位置，表示自保摘除。表 3–11 是合成工段自动保护值。

表 3–11 合成氨——合成工段自动保护值

自保名称	LSH109	LSH111	LSH116	LSH118	LSH120	PSH840	PSH841	FSL85
自保值	90	90	80	80	60	25.9	25.9	25000

六、思考题

1.简述合成氨——合成工段合成系统和冷冻系统工段流程。

2.若在操作过程中合成气压缩机 103–J 跳车，应该怎么处理？同样的 105–J 和 109–J 跳车呢？

实验六　聚氯乙烯生产工艺仿真实验

一、实验目的

了解PVC工艺流程，掌握流程操作和控制要点。

二、实验原理

聚氯乙烯（PVC）的聚合方法从乳液聚合、溶液聚合发展到悬浮聚合、本体聚合、微悬浮聚合等。国外目前以悬浮聚合（占80%～85%）和二段本体聚合为主；国内目前以悬浮聚合为主，少量采取乳液聚合法。本仿真流程采用悬浮聚合法。将各种原料与助剂加入反应釜内，在搅拌的作用下充分均匀分散，然后加入适量的引发剂开始反应，并不断地向反应釜的夹套和挡板通入冷却水，达到移出反应热的目的，当氯乙烯（VCM）转化成聚氯乙烯的百分率达到一定时，出现一个适当的压降，即终止反应，出料，反应完成后的浆料经汽提脱析出内含VCM后送到干燥工序脱水干燥。氯乙烯悬浮聚合反应，属于自由基链锁加聚反应，反应式如下：

$$nCH_2\!=\!CHCl \rightarrow \left[\!CH_2\!-\!CH\!\right]_n$$
$$\overset{|}{Cl}$$

$$(3-13)$$

它的反应一般由链引发剂、链增长、链终止、链转移几种元素反应组成。

三、实验流程

工艺流程简介：

聚氯乙烯生产过程由聚合、汽提、脱水干燥、VCM回收系统等部分组成。同时还包括主料、辅料供给系统，真空系统等，其生产流程见图3-43。

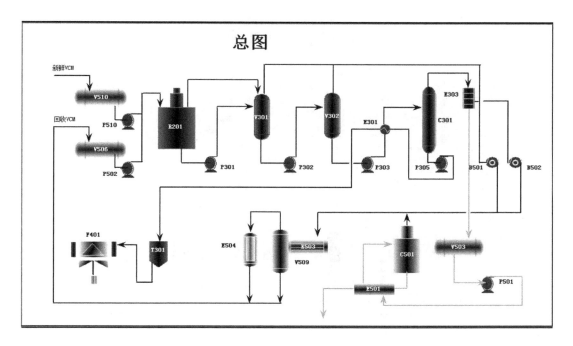

图 3-45 PVC 合成总图

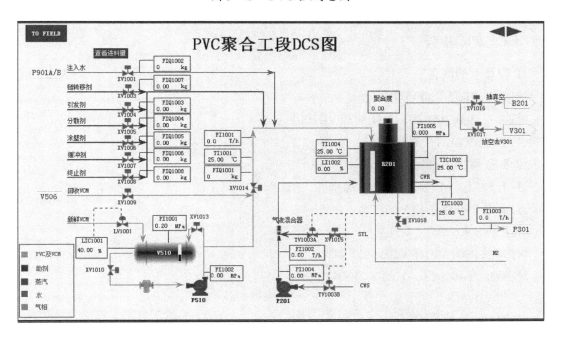

图 3-46 PVC 聚合工段 DCS 图

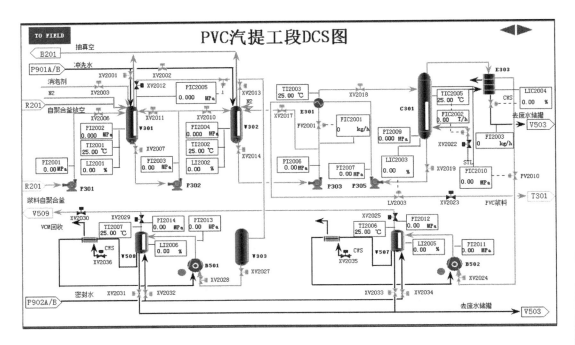

图 3-47　PVC汽提工段DCS图

四、实验步骤

1.脱盐水的准备

打开T901进水阀VD7001。

待液位达到70%后，关闭阀门VD7001。

T901液位控制在70%左右。

2.真空系统的准备

打开阀门XV4004，给V203加水。

打开泵P902A前阀VD7004。

打开泵P902A。

打开泵P902A去往V203后阀VD7008。

待液位为40%后，关闭XV4004。

关闭VD7008。

停泵P902A。

打开阀门VD4001，给E201换热。

控制V203液位为40%，若液位过高，可通过液调阀LV4001排往V503。

3.反应器的准备

打开VD1003，给反应器R201吹N$_2$气。

当R201压力达到0.5 MPa后，关闭N$_2$气阀门VD1003。

打开阀门XV1016。

启动真空泵B201，给反应器抽真空。

当R201的压力处于真空状态后，关闭阀门XV1016，停止抽真空。

关闭真空泵B201。

打开阀门XV1006，给反应器涂壁。

待涂壁剂进料量满足要求后，关闭阀门XV1006，停止涂壁。

N_2吹扫R201压力达到0.5 MPa。

R201抽真空至-0.03 MPa左右。

涂壁剂进料量符合要求。

4.V301/2的准备

打开VD2005，给反应器V301吹N_2气。

打开VD2007，给反应器V302吹N_2气。

V301压力达到0.2 MPa后，关闭VD2005。

V302压力达到0.2 MPa后，关闭VD2007。

启动真空泵B201。

打开阀门VD2003给V301抽真空。

打开阀门VD2002给V302抽真空。

当V301处于真空状态后，关闭阀门VD2003停止抽真空。

当V302处于真空状态后，关闭阀门VD2002停止抽真空。

关闭真空泵B201，停止抽真空。

N_2吹扫V301压力达到0.2 MPa。

N_2吹扫V302压力达到0.2 MPa。

V301抽真空至-0.03 MPa左右。

V302抽真空至-0.03 MPa左右。

5.反应器加料

打开P901A前阀VD7002。

启动泵P901A。

打开泵P901A后阀VD7006。

打开阀门XV1001，给反应器加水。

启动搅拌器开关，开始搅拌，功率在150 kW左右。

打开XV1004，给反应器加引发剂。

打开阀门XV1005，给反应器加分散剂。

打开阀门XV1007，给反应器加缓冲剂。

LICA1001设为自动，给新鲜VCM罐加料。

LICA1001目标值设为40%。

打开VCM入口管线阀门XV1014。

打开V510出口阀门XV1010。

打开泵P510前阀门XV1011。

打开泵P510给反应器加VCM单体。

打开泵P510后阀门XV1012。

按照建议进料量，水进料结束后，关闭XV1001。

关闭泵P901A后阀VD7006。

停泵P901A。

关闭泵P901A前阀VD7002。

按照建议进料量，引发剂进料结束后，关闭XV1004。

按照建议进料量，分散剂进料结束后，关闭XV1005。

按照建议进料量，缓冲剂进料结束后，关闭XV1007。

进料结束后，关闭阀门XV1012。

进料结束后，关闭泵P510。

关闭阀门XV1014。

控制新鲜VCM罐液位在40%。

控制水的进料量在49507.52 kg左右。

控制VCM的进料量在23935 kg左右。

分散剂进料量符合要求。

缓冲剂进料量符合要求。

引发剂进料量符合要求。

6.反应温度控制

启动加热泵P201。

打开泵后阀XV1019。

打开蒸汽入口阀XV1015。

当反应器温度接近64 ℃时，TICA1002投自动。

设定反应釜控制温度为64 ℃。

TICA1003投串级。

待反应釜出现约0.5 MPa的压力降后，打开终止剂阀门XV1008。

按照建议进料量，终止剂进料结束后，关闭XV1008。

打开R201出料阀XV1018。

打开V301入口阀XV2006。

打开泵P301前阀XV2004。

打开P301，泄料。

打开泵后阀门XV2005。

打开 V301 搅拌器。

泄料完毕后关闭泵 P301 后阀 XV2005。

泄料完毕后关闭泵 P301。

关闭泵前阀门 XV2004。

关闭阀门 XV1018。

关闭阀门 XV2006。

关闭反应器温度控制，TICA1003 的 OP 值设定为 50。

控制反应釜温度在 64 ℃左右。

聚合釜压力不得大于 1.2 MPa，若压力过高，打开 XV1017 及相关阀门，向 V301 泄压。

终止剂进料量符合要求。

R201 出液完毕后，可将釜内气相排往 V301 或通过抽真空排出。

7. V301/2 操作

启动泵 P902A。

打开去往 V508 阀门 VD7010。

打开去往 V507 阀门 VD7011。

打开阀门 XV2032，向密封水分离罐 V508 中注入水至液位计显示值为 40%。

打开阀门 XV2034，向密封水分离罐 V507 中注入水至液位计显示值为 40%。

V508 进密封水结束后，关闭 XV2032。

V507 进密封水结束后，关闭 XV2034。

关闭去往 V508 阀门 VD7010。

关闭去往 V507 阀门 VD7011。

关闭泵 P902A。

关闭 P902A 前阀 VD7004。

V301 顶部压力调节器投自动。

压力控制目标值设定为 0.5 MPa。

打开阀门 XV2003，向 V301 注入消泡剂。

1 分钟后关闭阀门 XV2003，停止 V301 注入消泡剂。

经过部分单体回收，待 V301 压力基本不变化时，打开 V301 出料阀 XV2007。

打开 V302 进口阀门 XV2010。

打开泵 P302 前阀门 XV2008。

启动 P302 泵。

打开泵 P302 后阀 XV2009。

打开 V302 搅拌器。

如果 V301 液位低于 0.1%，关闭 P302 泵后阀 XV2009。

关闭 P302 泵。

关闭 P302 泵前阀 XV2008。

关闭 V301 搅拌器。

关闭 V302 入口阀 XV2010。

关闭 V301 出料阀 XV2007。

打开 V301 出料阀 XV2014。

打开 C301 进口阀 XV2018。

打开泵 P303 前阀 XV2015。

启动 C301 进料泵 P303。

打开泵 P303 后阀 XV2016。

逐渐打开流量控制阀 FV2001。

V301 压力控制在 0.5 MPa。

V302 压力控制在 0.5 MPa，若压力大于 0.5 MPa，可打开 XV2013 向 V303 泄压。

控制流量为 51288 kg/h。

保持密封水分离罐 V508 的液位在 40% 左右。

保持密封水分离罐 V507 的液位在 40% 左右。

V301 出液完毕后，可将罐内气相排往 V303。

8. C301 的操作

逐渐打开 FV2002。

蒸汽流量稳定在 5 t/h 时，蒸汽流量控制阀 FIC2002A 投自动。

设定蒸汽流量为 5 t/h。

PIC2010 投自动。

将 C301 的压力控制在 0.5 MPa 左右。

打开 L.P 单体压缩机 B502 前阀 XV2024。

启动 L.P 单体压缩机 B502。

打开 L.P 单体压缩机 B502h 后阀 VD2011。

打开换热器 E503 冷水阀 VD6004。

打开换热器 E504 冷水阀 VD6003。

打开 C301 出料 XV2019。

打开泵 P305 前阀 XV2020。

打开泵 P305，向 T301 泄料。

打开泵 P305 后阀 XV2021。

打开 C301 液位控制阀 LV2003。

待液位稳定在 40% 左右时，C301 液位控制阀 LIC2003A 投自动。

C301 液位控制器设定值为 40%。

汽提塔冷凝器 E303 液位控制阀 LIC2004 投自动。

E303 液位控制在 30% 左右，冷凝水去废水储槽。

打开 C301 至 T301 阀门，控制液位稳定在 40%。

蒸汽流量控制为 5 t/h 左右。

控制 E303 液位稳定在 30%。

9.浆料成品的处理

当 T301 内液位达到 15% 以上时，打开 T301 出料阀 XV5002。

启动离心分离系统的进料泵 P307。

打开 F401 入口阀 XV5003。

启动离心机，调整离心转速（100 r/min 左右），向外输送合格产品。

10.废水汽提

当 V503 内液位达到 15% 以上时，打开 V503 出口阀 VD3001。

打开泵 P501，向设备 C501 注废水。

逐渐打开流量控制阀 FV3003，流量在 5 t/h 左右，注意保持 V503 液位不要过高。

逐渐打开流量控制阀 FV3004，流量在 6 t/h 左右，注意保持 C501 温度在 90 ℃左右。

逐渐打开液位控制阀 LV3005。

当 C501 液位稳定在 30% 左右时，LIC3005 投自动。

C501 液位控制在 30% 左右。

C501 液位控制在 30% 左右。

C501 压力控制在 0.6 MPa 左右，若压力超高，可打开阀门 XV3004 向 V509 泄压。

通过调整蒸汽量，使 C501 温度保持在 90 ℃左右。

V503 压力控制在 0.25 MPa 左右，若压力超高，可打开阀门 XV3003 向 V509。

11.VCM 回收

打开 V303 出口阀 XV2027。

打开 B501 前阀 XV2028。

启动间歇回收压缩机 B501。

打开 B501 后阀 VD2012。

压力控制阀 PIC6001 投自动，未冷凝的 VCM 进入换热器 E504 进行二次冷凝。

V509 压力控制在 0.5 MPa 左右。

液位控制阀 LIC6001 投自动，冷凝后的 VCM 进入储罐 V506。

V509 液位控制设定值在 30% 左右。

V509 液位控制在 30% 左右。

V509 压力控制在 0.5 MPa 左右。

表3-12是主要设备工艺指标。

表3-12　主要设备工艺指标

设备名称	项目及位号	正常指标
聚合釜	釜内液位（LI1002）	60 %
	反应压力（PI1005）	0.7～1.2 MPa
	釜内温度（TICA1002）	64 ℃
	循环水温度（TICA1003）	30 ℃
出料槽	压力（PI2002）	0.5 MPa
	液位（LI2001）	60 %
	温度（TI2001）	64 ℃
汽提塔进料槽	压力（PI2004）	0.5 MPa
	液位（LI2002）	60 %
	温度（TI2002）	64 ℃
浆料汽提塔	塔顶压力（PI2009）	0.5 MPa
	塔内温度（TI2005）	110 ℃

五、注意事项

聚合釜操作要按照一定的次序：在一定量脱盐水的冲洗下，将需要的引发剂加入；在反应器的搅拌下依次加入引发剂、缓冲剂；最后将配方要求的氯乙烯单体加入；聚合釜开始升温反应，其中反应温度是控制的主要参数。在反应期间，反应釜的压力和连锁控制的夹套水温分别经历先升后降和先升后降再升的过程，当反应时间满足要求、釜内压力降低至预期值时，反应到达终点。

六、思考题

1.请简述PVC合成的流程。
2.请简述在PVC合成过程中引发剂、分散剂和终止剂的作用和选择原则。

实验七　尿素生产工艺仿真实验

一、实验目的

了解尿素生产工艺流程，掌握工艺原理、操控要点。

二、实验原理

尿素化学名称叫碳酰二胺，分子式为 $CO(NH_2)_2$，相对分子质量为60.06，含氮量为46.65%，是含氮量最高的固体氮肥。生产尿素的原料主要是液氨和二氧化碳气体，液氨是合成氨厂的主要产品，二氧化碳气体是合成氨原料气净化的副产品。合成尿素用的液氨要求纯度高于99.5%，油含量小于 10×10^{-12}，水和惰性物小于0.5%且不含催化剂粉、铁锈等固体杂质。二氧化碳的纯度要求大于98.5%，硫化物含量低于 $15\ mg/m^3$。

反应的两个步骤分别是：氨和二氧化碳反应生成氨基甲酸铵，氨基甲酸铵脱水生成尿素和水，其反应方程式如下所示：

$$2NH_3+CO_2\rightarrow NH_2COONH_4+Q$$
$$NH_4COONH_2\rightarrow CO(NH_2)_2+H_2O-Q$$

第一步是放热的快速反应，第二步是微吸热反应，反应速度较慢，它是合成尿素过程中的控制反应。

尿素生产的流程图如图3-48所示：

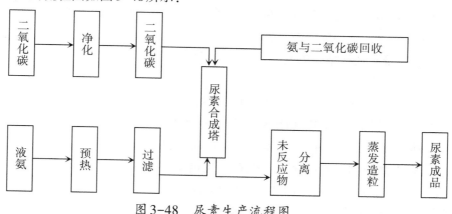

图3-48　尿素生产流程图

三、实验流程

本仿真是基于某化工厂年产52万吨装置的尿素装置为基础的仿真培训系统，包括压缩工段、合成工段及高低压循环工段。

（一）压缩工段

1. CO_2 流程说明

来自合成氨装置的原料气 CO_2 压力为 150 kPa（A），温度为 38 ℃，流量由 FR8103 计量，进入 CO_2 压缩机一段分离器 V-111，在此分离掉 CO_2 气相中夹带的液滴后进入 CO_2 压缩机的一段入口。经过一段压缩后，CO_2 压力上升为 0.38 MPa（A），温度为 194 ℃。进入一段冷却器 E-119 用循环水冷却到 43 ℃，为了保证尿素装置防腐所需氧气，在 CO_2 进入 E-119 前加入适量来自合成氨装置的空气，流量由 FRC-8101 调节控制，CO_2 气中氧含量为 0.25%～0.35%。在一段分离器 V-119 中分离掉液滴后进入二段进行压缩，二段出口 CO_2 压力为 1.866 MPa（A），温度为 227 ℃。然后进入二段冷却器 E-120 冷却到 43 ℃，并经二段分离器 V-120 分离掉液滴后进入三段。

在三段入口设计有段间放空阀，便于低压缸 CO_2 压力控制和快速泄压。CO_2 经三段压缩后压力升到 8.046 MPa（A），温度为 214 ℃，进入三段冷却器 E-121 中冷却。为防止 CO_2 过度冷却而生成干冰，在三段冷却器冷却水回水管线上设计有温度调节阀 TV-8111，用此阀来控制四段入口 CO_2 温度在 50～55 ℃之间。冷却后的 CO_2 进入四段压缩后压力升到 15.6 MPa（A），温度为 121 ℃，进入尿素高压合成系统。为防止 CO_2 压缩机高压缸超压、喘振，在四段出口管线上设计有四回一阀 HV-8162（即 HIC8162）。

2. 蒸汽流程说明

主蒸汽压力为 5.882 MPa，温度为 450 ℃，流量为 82 t/h，进入透平做功。其中一大部分在透平中部被抽出，抽汽压力为 2.598 MPa，温度为 350 ℃，流量为 54.4 t/h，送至框架和冷凝液泵和润滑油泵的透平；另一部分通过中压调节阀进入透平后汽缸继续做功。在透平最末几级注入的低压蒸汽，低压蒸汽压力为 0.343 MPa，温度为 147 ℃，流量为 12 t/h，做完功后的乏汽进入表冷器 E-122 中进行冷凝，其中不凝性气体被抽汽器抽出放空，蒸汽冷凝液被泵送出界区。主蒸汽管网到中压蒸汽管网设计有 PV8203 阀（即 PIC8203），以备机组停车后，工艺框架蒸汽需要。

（二）合成及高低压循环工段

1. 液氨输送说明

来自界区的原料液氨压力约为 2.1 MPa（表），温度为 30 ℃左右，经计量后通过氨吸收塔 C-105 进入氨槽 V-105，新鲜液氨和氨冷凝器 E-109 冷凝的液氨一并经氨升压 P-105A/B 加压，一部分入 C-101，其余全部用高压液氨泵 P-101A/B/C 加压至 21.7 MPa（表）进入合成高压圈。在此之前，先在氨预热器 E-107 中用低压分解气作热源进行预热，预热后温度在 94 ℃左右。因此，液氨的输送由氨升压泵和高压液氨泵来完成。高压液氨泵为往复式柱塞泵。

2.尿素合成和高压回收说明

由CO_2压缩机送来的CO_2气体及高压液氨泵加压并预热后的高压液氨作为甲铵循环喷射器L-101的驱动流体；将来自甲铵分离器V-101的甲铵液增压送入尿素合成塔R-101。CO_2反应生成尿素是在尿素合成塔内进行。

合成塔操作压力为15.2 MPa（表），温度为188 ℃，合成反应比n（NH_3）：n（CO_2）为3.4：1～3.6：1，n（H_2O）：n（CO_2）为0.6：1，CO_2转化率为62%～64%。合成反应液经出液管和堞阀流到汽提E-101上管箱进行气液分离，并由液体分配器将混合物沿着壁流下及加热，操作压力为14.4 MPa（表），壳侧用2.17 MPa（表）蒸汽加热。由于溶液中过剩氨的自汽提作用，促进甲铵的分解，降低了溶液中CO_2的含量。

汽提塔E101顶部出气和中压吸收塔C-101回收并经高压碳铵预热器E-105预热后的碳铵液一并进入甲铵分离器V-101，在高温度高压下冷凝，回收甲铵反应及冷凝热，产生0.34 MPa（表）蒸汽。自甲铵冷凝器出来的气液混合物在甲铵分离器V101内分离，液相由甲铵循环喷射器L101返回到尿素合成塔R101。

从甲铵分离器V101分离出来的不凝性气体中含有少量的NH_3和CO_2，经减压后进入中压分解塔底部用罐L-102内。该减压阀为分程控制，超压（9 MPa左右）条件下可将不凝性气体排至放空筒。

3.中压分解和循环

汽提塔E101底部的溶液减压到1.67 MPa（表）进入中压分解塔E-102A/B，未转化成尿素的甲铵在此分解，上部E-102A壳侧用0.49 MPa（表）蒸汽加热，下部E-102B壳侧用汽提塔出来的2.17 MPa（表）蒸汽冷凝液加热。

从中压分解塔分离器V102顶部出来的中压分解气含有大量NH_3和CO_2，先送到真空预浓缩器E-113壳侧进行热能回收，在此被自低压回收段来的溶液部分吸收冷凝为碳铵溶液，然后进入中压冷凝器E-106用冷却水进行冷却，最后进入中压吸收塔C-101回收NH_3和CO_2。

中压吸收塔C101上段为泡罩塔精馏段，用氨水吸收CO_2和精馏氨，使精馏段顶部出来的带有惰性气体的富氨气中含CO_2仅为2×10^{-11}～1×10^{-10}。然后进入氨冷凝器E-109，氨气冷凝成液氨并进氨回收塔C-105，未冷凝的含氨的惰性气进入中压氨吸收器E-111和中压惰洗塔C-103，冷凝后的液氨流入氨槽V-105。

在中压氨吸收器和中压惰洗塔中，用蒸汽冷凝液洗涤含氨的惰性气体，回收氨后惰性气体经排气筒V-113放空。中压吸收塔C101底部出来的溶液通过高压碳铵溶液泵P-102A/B/C加压后返回合成塔。从中压氨吸收器E111底部出来的氨水溶液用氨溶液泵P-107A/B送至中压吸收塔，少部分做中压氨吸收器的内循环液。

4.低压分解和循环

中压分解塔用罐L-102底部的尿液减压到0.3 MPa（表）进入低压分解塔分离器V-103，尿液在此闪蒸并分离。分离后的尿液进入低压分解塔E-103，在此将残留的甲铵进行分解，分解所需的热量由0.3 MPa（表）低压蒸汽供给。离开低压分解塔分离器顶部的气体与来自解吸塔C-102和水解器R-102的气相一并进入高压氨预热器，利用混合气体的显热和部分冷凝热预热原料液氨。然后进入低压冷凝器E-108用冷却水进一步冷却，使冷凝后的溶液流入碳铵溶液槽V-106。未冷凝气体经低压氨吸收塔E-112和低压惰洗塔C-104，在此用蒸汽冷凝液洗涤其含氨的惰性气体，回收氨后惰性气体经排气筒V-113放空。低压冷凝液及低压氨吸收塔C104出液贮存在碳铵溶液槽V106内，然后经中压碳铵溶液泵P-103AB/加压后先在真空预浓缩器E113中作为中压分解气的吸收液，然后进中压冷凝器E106。部分中压碳铵溶液送解吸塔C102顶作为顶部回流液。

5.脲液浓缩

离开低压分解塔用罐L-103底部分的脲液浓度约为70%，首先减压后送真空预浓缩分离器V-104在此闪蒸分离，液相进真空预浓缩器E-113，在此被中压分解气的冷凝反应热加热浓缩到83%左右，然后脲液由真空预浓缩用罐L-104底部出来后，用尿素溶液泵P-106A/B送到一段真空浓缩E-114内浓缩到95%，加热浓缩脲液采用0.34 MPa（表）低压汽真空预浓缩和一段真空浓缩器均在0.034 MPa（绝）下操作，一段真空系统包括蒸汽喷射器EJ-151和冷凝器E-151和E-152等。一段真空浓缩器浓缩后的脲液经一段真空分离器V-114分离后，蒸发气相与真空预浓缩分离器来气一并在一段真空系统冷凝器E-151内冷凝。

6.工艺冷凝液处理

来自真空系统的工艺冷凝液，收集在工艺冷凝液槽T-102内。收集在碳铵液排放槽T-104的排放液，用排放槽回收泵P-116A/B送至工艺冷凝液槽内。

用解吸塔进料泵P-114A/B将工艺冷凝液送到解吸塔C-102的顶部，在进塔之前先在解吸塔第一预热器E-116内用解吸塔底部出来的净化水预热，然后再进解吸塔第二预热器E-117用蒸汽冷凝液预热。

解吸塔C-102分成上、下两段，塔底用0.49 MPa（表）蒸汽加热至220 ℃后进入水解器R-102。在水解器中用HS 5.2 MPa（绝）蒸汽直接加热，使尿素水解成NH_3和CO_2。

水解器操作压力为3.53 MPa（绝），温度为236 ℃左右。水解器R102出液经水解器预热器E118A/B与进水解器的溶液换热后进解吸塔C102下段的顶部，在逆流解吸过程中将溶液中的NH_3和CO_2解吸逸出，从塔底排出的净化水最终含尿素和NH_3各小于$3 \times 10^{-12} \sim 5 \times 10^{-12}$。该净化水温度约为151 ℃，先后经高压碳铵液预热器E104、解吸塔第一预热器E116回收热量后，最后由工艺冷凝液泵P-117A/B送出界区。也可作为锅炉给水利用。

离开水解器的气相和从解吸塔顶部排出的含NH_3、CO_2和水蒸气的混合气体一并与低压分解塔分离出来的气体混合后依次进入氨预热器和低压冷凝器进行冷凝回收。

图3-49、图3-50、图3-51分别是尿素生产流程简图、中压分解及循环DCS图、合成及高压回收DCS图。

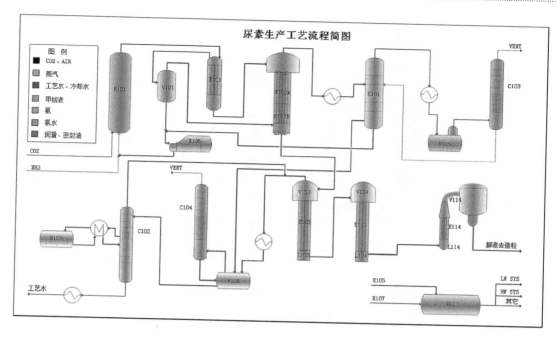

图 3-49　尿素生产流程简图

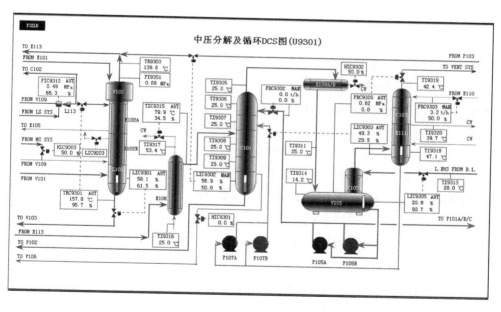

图 3-50　尿素生产——中压分解及循环 DCS 图

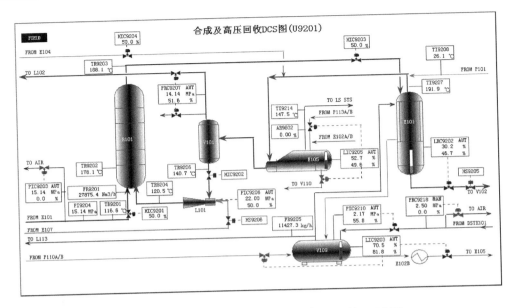

图 3-51　尿素生产——合成及高压回收DCS图

四、实验步骤

1. 冷态开车

（1）准备工作：引循环水

压缩机岗位E119开循环水阀OMP1001，引入循环水；

压缩机岗位E120开循环水阀OMP1002，引入循环水；

压缩机岗位E121开循环水阀TIC8111，引入循环水；

压缩机岗位E122开循环水阀OMP1020，引入循环水；

浓缩岗位E151开循环水阀OMP2166、OMP2167，引入循环水；

浓缩岗位E152开循环水阀OMP2168，引入循环水；

中压循环岗位E109开循环水阀OMP2132，引入循环水；

打开E109循环水控制阀HIC9302；

中压循环岗位E111开循环水阀OMP2133，引入循环水；

低压循环岗位E108开循环水阀TMPV253，引入循环水；

低压循环岗位E112开循环水阀OMP2152，引入循环水；

解吸岗位E130开循环水阀OMP2192，引入循环水；

工艺水处理岗位E110开循环水阀OMP2096，引入循环水；

工艺水处理岗位E131开循环水阀OMP2095，引入循环水。

（2）CO_2压缩机油系统开车

启动油箱加热器OMP1045，将油温升到40℃左右；

打开泵的前切断阀OMP1026；

开启油泵 OIL PUMP；

打开泵的后切断阀 OMP1048；

打开油箱 V-122 加油阀 OMP1029；

开启盘车泵的前切断阀 OMP1031；

开启盘车泵；

开启盘车泵的后切断阀 OMP1032；

盘车。

（3）蒸汽系统开车

打开脱盐水充液阀 OMP1019，E-122 充液；

E-122 液位 LIC8207 到 50% 后，关闭脱盐水充液阀 OMP1019；

打开 P118A 泵前切断阀 OMP1022；

打开 P118B 泵前切断阀 OMP1024；

启动 P18A 泵；

启动 P118B 泵；

打开 P118A 泵后切断阀 OMP1023；

打开 P118B 泵后切断阀 OMP1025；

打开蒸汽冷凝液出料截止阀 OMP1021；

打开入界区蒸汽副线阀 OMP1006，准备引蒸汽；

管道内蒸汽压力上升到 5.0 MPa 后，开入界区蒸汽阀 OMP1005；

关副线阀 OMP1006；

打开控制阀 PIC8203；

打开蒸汽透平主蒸汽管线上的切断阀 OMP1007。

（4）CO_2 气路系统开车准备

全开段间放空阀 HIC8101；

全开防喘振阀 HIC8162；

打开 CO_2 放空截止阀 TMPV274；

打开 CO_2 放空调节阀 PIC9203。

（5）透平真空冷凝系统开车

打开辅抽的蒸汽切断阀 OMP1013；

打开辅抽的惰气切断阀 OMP1016；

E-122 的真空达 -60K MPa 后，打开二抽的蒸汽切断阀 OMP1014；

打开二抽的惰气切断阀 TMPV182；

打开一抽的蒸汽切断阀 OMP1012；

打开一抽的惰气切断阀 OMP1015；

E-122 的真空达 -80K MPa 后，停辅抽关阀 OMP1016；

E-122 的真空达 -80 MPa 后，停辅抽关阀 OMP1013。

（6）压缩机升速升压

CO_2 进入系统前，打开 FRC8101 开度至 50%，以进行尿素装置防腐；

打开 CO_2 进料总阀 OMP1004；

关闭盘车泵的后切断阀 OMP1032；

停盘车泵；

关闭盘车泵的前切断阀 OMP1031；

停盘车；

打开油冷器冷却水阀 TMPV181；

逐渐打开阀 HIC8205，将手轮转速 SI8335 提高到 3000 r/min；

打开截止阀 OMP1009；

逐渐打开 PIC8224 到 50%；

将 PIC8203 投自动，并将 SP 设定在 2.5 MPa；

逐渐打开阀 HIC8205，将手轮转速 SI8335 提高到 5500 r/min；

将段间放空阀 HIC8101 关小到 50%；

继续逐渐打开阀 HIC8205，将手轮转速 SI8335 提高到 6052 r/min；

将段间放空阀 HIC8101 关小到 25%；

将四回一阀 HIC8162 关小到 75%；

打开低压蒸汽入透平岗位截止阀 OMP1017；

逐渐打开低压蒸汽流量调节阀 FRC8203；

调节低压蒸汽流量调节阀 FRC8203，使流量稳定在 12 t/h；

调整 HIC8205，将手轮转速 SI8335 稳定在 6935 r/min；

后续根据工艺负荷要求逐渐关小段间放空阀和四回一阀（提示不用操作）。

（7）各工艺设备预充液

打开界区脱盐水入口总阀 OMP2089，向 V-110 充液至 80%；

将 LIC9801 投自动，并将 SP 设定在 80%；

打开 LV9801B 后截止阀 TMPV280；

打开 T101 充液阀 OMP2175，向 T101 充液；

T101 液位 LI9551 达到 10% 后关闭充液阀 OMP2175；

打开 T102 充液阀 TMPV246，向 T102 充液；

T102 液位 LI9502 达到 50% 后关闭充液阀 TMPV246；

打开 V106 充液阀 OMP2178，向 V106 充液；

V106 液位 LI9403 达到 50% 后关闭充液阀 OMP2178；

打开 L102 充液阀 TMPV275，向 L102 充液；

L102 液位 LIC9301 达到 50% 后关闭充液阀 TMPV275；

打开 L103 充液阀 TMPV277，向 L103 充液；

L103 液位 LIC9401 达到 50% 后关闭充液阀 TMPV277；

打开L104充液阀TMPV278，向L104充液；

L104液位LRC9402达到50%后关闭充液阀TMPV278；

建立中、低压冲水及P110循环（提示不用操作）；

打开泵P110A前阀OMP2075；

打开泵P110B前阀OMP2077；

启动P110A泵；

启动P110B泵；

打开泵P110A后阀OMP2076；

打开泵P110B后阀OMP2078；

打开低压充水阀PIC9808，将压力提升至1.0；

将PIC9808投自动，并将SP设定在1.0；

打开中压充水阀PIC9815，将压力提升至2.4；

将PIC9815投自动，并将SP设定在2.4；

打开P110至E110截止阀OMP2099；

打开泵P111前阀OMP2080；

打开泵P111后阀OMP2094；

稍开PIC9807；

启动P111泵，向V110打循环；

打开泵P113A前阀OMP2120；

打开泵P113B前阀OMP2125；

启动P113A泵；

启动P113B泵；

打开泵P113A后阀OMP2121；

打开泵P113B后阀OMP2117；

打开E105入口截止阀TMPV284，向E105充液至30%；

打开E105出口调节阀后阀OMP2124；

将LIC9205投自动，并将SP设定在30%；

打开V109入口截止阀TMPV285，向V109充液至50%；

将LIC9203投自动，并将SP设定在50%；

打开V109出口阀OMP2139；

打开E102B出口至E105之截止阀TMPV282。

（8）蒸汽系统的建立

打开控制阀PRC9803A；

打开控制阀PRC9803B；

打开TIC9810的切断阀TMPV294；

打开TIC9810；

TIC9810达到145℃左右，将TIC9810投自动，并将SP设定在145；

压力达到0.35 MPa左右，将PRC9803A投自动，并将SP设定在0.35；

压力达到0.35 MPa左右，将PRC9803B投自动，并将SP设定在0.35；

打开各夹套蒸汽切断阀TMPV290。

（9）中压系统引NH₃

打开氨入界区截止阀OMP2136；

缓慢打开LIC9305，向V105引NH₃至70%；

缓慢打开E109至V105的液相切断阀TMPV251；

缓慢打开V102至E113的气相切断阀TMPV276；

打开E106至C101气相切断阀OMP2130；

打开泵P105A进口切断阀OMP2142，引NH₃进泵体；

打开泵P105B进口切断阀OMP2144，引NH₃进泵体；

打开泵P105A出口切断阀OMP2143；

打开泵P105B出口切断阀OMP2145；

打开泵P105回V105副线阀OMP2140；

打开泵P101A进口切断阀OMP2101，引NH₃进泵体；

打开泵P101B进口切断阀OMP2104，引NH₃进泵体；

打开泵P101C进口切断阀OMP2107，引NH₃进泵体；

打开泵P101A回V105副线阀OMP2103；

打开泵P101B回V105副线阀OMP2106；

打开泵P101C回V105副线阀OMP2109；

打开泵P107A进口切断阀OMP2146，引NH₃进泵体；

打开泵P107B进口切断阀OMP2148，引NH₃进泵体；

打开泵P107A出口切断阀OMP2147；

打开泵P107B出口切断阀OMP2149；

启动P105A泵；

启动P105B泵；

打开泵P105副线上的夹套蒸汽阀TMPV289，将罐V-105压力提至1.5 MPa；

V105压力达到1.5 MPa后关P105副线上的夹套蒸汽阀TMPV289；

将PRC9305投自动，并将SP设定在1.55 MPa。

（10）低压系统NH₃化

打开泵P103至E107的切断阀OMP2155；

打开LIC9302；

打开泵P103A前阀OMP2157；

打开泵P103B前阀OMP2159；

启动P103A泵；

启动P103B泵；

打开泵P103A后阀OMP2158；

打开泵P103B后阀OMP2160；

打开HIC9301建立循环：

建立循环：P103—E113—E106—C101—V106—P103（提示不用操作）；

建立循环：P103—E107—E108—V106—P103（提示不用操作）；

密切监视C-101，LIC9302的液位，可稍开HIC9301（提示不用操作）。

（11）高压系统升温

稍开V110的加热蒸汽阀TMPV295，将V110预热至120 ℃；

将PRC9804投自动，并将SP设定在0.12；

打开TIC9803；

将TIC9803投自动，并将SP设定在120 ℃；

打开TMPV283预热V109；

打开阀PIC9210预热V109，并将压力控制在0.15～0.20 MPa。

（12）高压系统NH_3升压

打开高压系统导淋阀TMPV235，排积液；

打开高压系统导淋阀TMPV239，排积液；

关闭导淋阀TMPV235；

关闭导淋阀TMPV239；

将V105液位控制LIC9305投自动，设定在50%；

打开NH_3开车管线上的切断阀OMP2116；

启动P101润滑油泵；

启动P101油封泵；

启动P101油温控制；

打开泵P101A出口切断阀OMP2102；

打开泵P101B出口切断阀OMP2105；

打开泵P101C出口切断阀OMP2108；

启动P101A泵；

启动P101B泵；

启动P101C泵；

调节P101A转速SIK9101；

调节P101B转速SIK9102；

调节P101C转速SIK9103；

关闭泵P-105付线切断阀OMP2140；

关闭泵P101A回V105副线阀OMP2103；

关闭泵P101B回V105副线阀OMP2106；

关闭泵P101C回V105副线阀OMP2109；

调节V109蒸汽压力等工艺参数，将TI9207控制在166℃左右；

PIC9210、PRC9207升至9.0 MPa时，打开泵P101A回V105副线OMP2103；

PIC9210、PRC9207升至9.0 MPa时，打开泵P101B回V105副线OMP2106；

PIC9210、PRC9207升至9.0 MPa时，打开泵P101C回V105副线OMP2109；

关闭NH$_3$开车管线切断阀OMP2116。

（13）浓缩水运以及解吸预热

打开PRC9502；

打开充液阀OMP2175，向T101充液；

打开P109A前阀OMP2188；

打开泵P109B前阀OMP2190；

启动P109A泵；

启动P109B泵；

打开泵P109A后阀OMP2189；

打开泵P109B后阀OMP2191；

打开泵P108A前阀OMP2184；

打开泵P108B前阀OMP2186；

LRC9501有液位后启动P108A泵；

LRC9501有液位后启动P108B泵；

打开泵P108A后阀OMP2185；

打开泵P108B后阀OMP2187；

将P106出口三通切向T101；

打开C-102顶部放空阀OMP2195；

打开FRC9703，向C102充液；

打开充液阀TMPV246，向T102充液；

打开泵P114A前阀OMP2180；

打开泵P114B前阀OMP2182；

启动P114A泵；

启动P114B泵；

打开泵P114A后阀OMP2181；

打开泵P114B后阀OMP2183；

打开泵P115A前阀OMP2081；

打开泵P115B前阀OMP2083；

LIC9701有液位后启动P115A泵；

LIC9701有液位后启动P115B泵；

打开泵P115A后阀OMP2082；

打开泵 P115B 后阀 OMP2084；

打 LIC9701，向 R102 充液；

当 LIC9705 至 50% 后，停 P115A 泵；

当 LIC9705 至 50% 后，停 P115B 泵；

当 LIC9701 至 50% 后，停 P114A 泵；

当 LIC9701 至 50% 后，停 P114B 泵；

关闭充液阀 TMPV246；

当真空浓缩器液位达到 50% 时，打开 OMP2176；

打开真空浓缩液位控制调节阀 LRC9501；

将真空浓缩器液位控制 LRC9501 投自动，设定在 50%；

打开 LS 至 L113 的切断阀 OMP2131；

将 PIC9312 的阀位开到 50%；

打开 C102 加热蒸汽副线阀 TMPV201，预热 C102 到 100 ℃ 以上；

打开 R102 加热蒸汽副线阀 TMPV202，预热 R102 到 150 ℃ 以上；

关闭 C-102 顶部放空阀 OMP2195；

打开 TMPV281，将蒸汽冷凝至碳铵液槽；

将水解器压力控制 PRC9701 投自动，设定在 0.6 MPa；

控制 PRC9701 在 0.5～0.8 MPa。

（14）投料

将 PIC9807 投自动，并将 SP 设定在 12；

调整 CO_2 压缩机出口压力，将 PIC9203 投自动，并将 SP 设定在 15.5；

打开 PRC9207 的切断阀 TMPV287；

打开 PRC9207 的切断阀 TMPV288；

打开 NH_3 进合成截止阀 TMPV279；

开 NH_3 进料电动阀 HS9206；

打开 PIC9206 到 50%；

关闭泵 P101A 回 V105 副线阀 OMP2103；

关闭泵 P101B 回 V105 副线阀 OMP2106；

关闭泵 P101C 回 V105 副线阀 OMP2109；

打开 CO_2 进合成截至阀 OMP2123；

缓慢打开 HIC9201 将 CO_2 引入反应器；

略开 HIC9203；

（注释不用操作）在后续调整过程中根据工况不断加大反应负荷，并注意对 CO_2 压缩机段间放空阀和 4 回 1 阀进行调整。

（15）投料后调整

将 LIC9205SP 设定在 60，控制稳定；

将PIC9210SP设定在1.8，控制稳定；

打开E102B蒸汽控制阀前截止阀OMP2138；

将LIC9203投自动，并将SP设定在60%；

打开L113中压蒸汽截止阀OMP2137；

将PIC9312投自动，SP设定在0.44，控制稳定；

打开调节阀TRC9301将E102出料温度提至100℃以上；

打开E103蒸汽疏水控制阀前截止阀OMP2150；

打开调节阀TRC9401将E103出料温度提至100℃以上；

打开E114蒸汽疏水控制阀前截止阀OMP2165；

打开调节阀TIC9502将E114出口温度提至100℃以上；

打开C101至P102切断阀TMPV231；

启动P102润滑油泵；

启动P102油温控制；

打开泵P102A进口切断阀OMP2110；

打开泵P102B进口切断阀OMP2112；

打开泵P102C进口切断阀OMP2114；

打开泵P102A出口切断阀OMP2111；

打开泵P102B出口切断阀OMP2113；

打开泵P102C出口切断阀OMP2115；

启动P102A泵并调整转速；

启动P102B泵并调整转速；

启动P102C泵并调整转速；

打开碳铵液进高压圈切断阀TMPV286；

打开碳铵液控制阀HIC9204；

关闭HIC9301；

开HIC9202；

将C101液位控制LIC9302投自动，设定在50%；

缓慢开HIC9201到30%；

当碳铵槽液位低时注意补水（注释不用操作）。

（16）出料后调节

待反应温度稳定，继续开大HIC9201到50%；

慢慢开大HIC9203到50%；

将PRC9207SP设定在14.5 MPa；

当E101液位LRC9202达到50%以后，打开HS9205；

打开LRC9202，向V102出料；

将LRC9202投自动SP设定在50%；

将TRC9301投自动SP设定在159℃；

将TIC9315投自动SP设定在70℃；

打开FRC9303，向C103补加吸收液；

当E111液位达到20%后启动P107A；

当E111液位达到20%后启动P107B；

打开LIC9303；

当E111液位达到50%后将LIC9303投自动，SP设定在50%；

将LIC9301投自动，SP设定在50%；

将TRC9401投自动SP设定在139℃；

当L103有液位后，打开LIC9401，向V104出料；

当L103液位到50%后，LIC9401投自动，设定50%；

打开浓缩EJ151蒸汽阀OMP2170；

将PRC9502投自动，SP设定在−58 kPa；

打开FRC9401，向C104补加吸收液；

当V106液位达到50%后，打开OMP2153，向解吸塔出料；

打开V106出料调节阀FRC9701；

关闭解吸塔蒸汽副线，打开蒸汽调节阀FRC9702，控制塔釜温度151℃以上；

当解吸塔上部液位LIC9701上涨后，启动P115A向水解器出料；

当解吸塔上部液位LIC9701上涨后，启动P115B向水解器出料；

关闭水解蒸汽副线，打开蒸汽调节阀FRC9704，控制温度236℃以上；

将PRC9701SP值设定在25 MPa；

将LIC9701投自动，SP设定在50%；

将LIC9705投自动，SP设定在50%；

打开P117A前阀OMP2085；

打开P117B前阀OMP2087；

当C102液位达到20%后启动P117A；

当C102液位达到20%后启动P117B；

打开P117A泵后阀OMP2086；

打开P117B泵后阀OMP2088；

打开OMP2193，把工艺水送出界区作锅炉补水用；

打开LIC9702；

将LIC9702投自动，SP设定在50%；

打开P106A前阀OMP2161；

打开P106B前阀OMP2163；

当L104液位达到20%后启动P106A；

当L104液位达到20%后启动P106B；

打开 P106A 泵后阀 OMP2162；

打开 P106B 泵前阀 OMP2164；

打开 LRC9402；

当 L104 液位达到 50% 后将 LRC9402 投自动，SP 设定在 50%；

将出料三通阀切向 E114；

将 TIC9502 投自动，SP 设定在 133 ℃；

当真空浓缩器液位达到 50%，温度达到要求后，启动 P108 将尿液送往造粒。

2.装置正常停工过程

（1）CO_2 压缩机停车

调节 HIC8205 将转速降至 6500 r/min；

调节 HIC8162、HIC8101，将负荷减至 21000 m^3/h；

调节 HIC8162、HIC8101，逐渐减少抽汽与注汽量；

手动打开 PIC9203，将 CO_2 导出系统；

用 PIC9203 缓慢降低四段出口压力到 8.0～10.0 MPa；

调节 HIC8205 将转速降至 6403 r/min；

打开 PIC8203 到 50%；

继续调节 HIC8205 将转速降至 6052 r/min；

调节 HIC8162、HIC8101，将四段出口压力降至 4.0 MPa；

关闭透平低压蒸气控制阀 FRC8203；

继续调节 HIC8205 将转速降至 3000 r/min；

关闭 HIC8205；

关闭透平蒸汽切断阀 OMP1007；

关闭二抽蒸汽切断阀 OMP1014；

关闭二抽惰气切断阀 TMPV182；

关闭一抽蒸汽切断阀 OMP1012；

关闭一抽惰气切断阀 OMP1015；

打开辅抽的惰气切断阀 OMP1016，使 E-122 真空度逐渐降为"0"；

关闭 CO_2 进界区大阀 OMP1004；

停冷凝液泵 P118A；

关闭油冷却器冷却水阀门 TMPV181。

（2）CO_2 退出系统

关闭 CO_2 进合成塔控制阀 HIC9201；

关闭 CO_2 进合成塔切断阀 OMP2123。

（3）氨液退出

停高压碳铵液泵 P102A；

停高压碳铵液泵 P102B；

关闭碳铵液入高压圈控制阀HIC9204；

打开碳铵液去V106控制阀HIC9301；

关闭碳铵液入合成塔控制阀HIC9202；

停高压氨泵P101A；

停高压氨泵P101B；

关闭氨切断阀TMPV279；

关闭氨入合成塔快速切断阀HS9206；

关闭L101压力调节PIC9206；

关闭LIC9305；

关闭LIC9305前切断阀OMP2136；

打开P-105小副线切断阀OMP2140向V-105打循环；

关闭PIC9207a/b切断阀TMPV287；

关闭PIC9207a/b切断阀TMPV288；

手动全开LRC9202；

当LRC9202液位降至0时，关闭LRC9202；

关闭E101出料快速切断阀HS9205；

降PIC9210至1.5 MPa；

打开TMPV235排残液；

打开TMPV239排残液；

打开TMPV287反应器泄压；

手动全开PRC9207；

关闭TMPV235；

关闭TMPV239。

（4）停蒸发循环

关闭EJ151蒸汽切断阀OMP2170；

打开PRC9502破真空；

手动关小TIC9502降温；

将L104出料切换T101；

当真空浓缩器液位LRC9501空后停泵P108A。

（5）P-103打循环

打开P103循环切断阀OMP2156；

打开P103循环切断阀OMP2126。

（6）排放系统

全开V109液位控制LIC9203；

全开V105液位控制LIC9205；

L102温度控制在158℃；

L103温度控制在138℃；

手动打开LIC9303；

控制LRC9402为50%；

手动打开LIC9301；

手动打开LIC9401；

当LIC9301液位降至0时，关闭LIC9301；

当LIC9301降为0时，主控关FRC9302；

主控关FRC9303；

当LIC9303降为0时，主控关LIC9303；

停泵P107A；

当LIC9401液位降至0时，关闭LIC9401；

手动打开LRC9402；

当LRC9402液位降至0时，关闭LRC9402；

当LRC9402降为0时，停P-106A。

（7）停P105

关闭P-105小副线切断阀OMP2140；

打开P-105至界区外的切断阀OMP2134；

当V-105的液位拉完后，停P-105A。

（8）解吸停车

当高压排放完毕，停P-103A；

打开开C-102放空阀OMP2195；

关解吸并低压切断阀TMPV281；

手动关闭LIC9701；

手动关闭FRC9702；

手动关闭FRC9704；

手动关闭FRC9703；

停P-114A；

停P-115A；

当LIC-9702液位降为0时，停P-117A；

手动打开PRC9701；

稍开FRC9702的副线阀TMPV201；

稍开FRC9704的副线阀TMPV202；

手动关闭FRC9401。

（9）停蒸汽系统

关闭V-109至L-113的切断阀OMP2137；

手动关闭PIC9312；

手动关闭 PIC8203；

手动全开 PRC9218。

（10）停脱盐水

停 P-111；

停 P-113A；

手动关闭 LIC9801；

关闭 LIC9801 前截止阀 OMP2089；

手动打开 PRC9804；

手动关闭 PRC9803b；

手动关闭 TIC9810；

手动关闭 PIC9808；

手动关闭 PIC9815；

手动关闭 PIC9807；

停 P-110A。

五、思考题

1.简述尿素生产的基本流程。

2.简述尿素生产工艺中 CO_2 汽提工艺和氨汽提工艺。

第四部分　专业化工软件操作训练

Auto CAD 和 ASPEN PLUS 是最常用的化工绘图软件和过程模拟器，掌握其基本用法对化工设计和过程开发具有重要的意义。

第一节 Auto CAD 工艺流程软件

Auto CAD 是通用计算机辅助绘图和设计的软件，具有功能强大、易于掌握、使用方便、体系结构开放等特点，主要用于平面图形和三维图形的绘制、尺寸标注、渲染及打印输出图形。Auto CAD 有强大的工具，而且版本众多，界面差别较大。为了满足自己的绘图需求，根据个人习惯定制绘图空间可提升绘图效率。本培训课程要求掌握基本的绘图和修改工具，可完成一般机械图样的绘制，修改合适的尺寸标注样式，进行尺寸标注，根据要求完成平面图形的绘制和标注。

实验一　CAD制图——机械图样的绘制和标注

一、训练目标

1.熟悉CAD绘图界面，掌握绘图空间定制。

2.掌握绘图、修改工具的使用。

3.掌握尺寸标注。

4.掌握平面图形的绘制和标注。

二、具体步骤

1.设置绘图空间（图4-1）

工作空间有二维、三维及CAD经典，选择自己喜欢的工作空间框架，在工具-选项设置合适的自动保存间隔时间、存储位置、自己喜欢的界面等。

图4-1　设置绘图空间

CAD界面介绍（1）　CAD界面介绍（2）

2.调用需要的工具菜单（图4-2）

对初学者，菜单是调用工具最常用方式，最基础的工具有绘图、修改、图层。

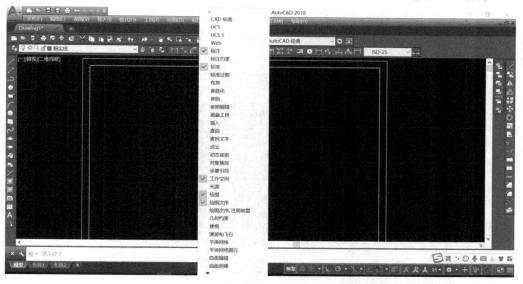

图4-2　调用需要的工具菜单

3.根据需要创建图层（图4-3）

"图层"是管理图形最有效的工具，我们把不同类型的内容放到不同的图层中，就可以对一个层中的对象统一定义和修改，提升绘图效率。

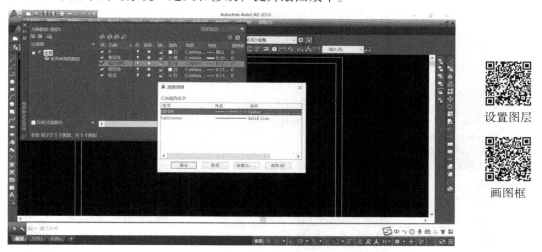

设置图层

画图框

图4-3　根据需要创建图层

4.画图框、标题栏

绘图"矩形"工具的使用，另一角点相对坐标@420，297，修改偏移工具使用，偏移量10。按尺寸要求在右下角绘标题栏。

5.完成图形内容（图4-4）

使用绘图及修改工具，按尺寸抄画平面图形及零件图。相对坐标中的直角坐标、极坐标的使用。（@420，297，@100<60）复制、镜像、倒角、倒圆角、打断、缩放、修剪、分解图案填充等工具的使用。对象捕捉设置、正交模式的开启和关闭。按1：2比例绘制的图形，可按1：1画图，完成后缩50%。

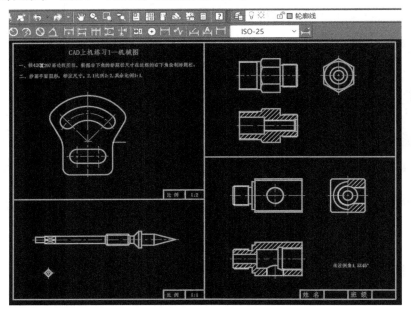

绘制平面零件

标注尺寸

图4-4　完成图形内容

6.设置标注

设置尺寸标注格式（图4-5）、尺寸标注（图4-6）。

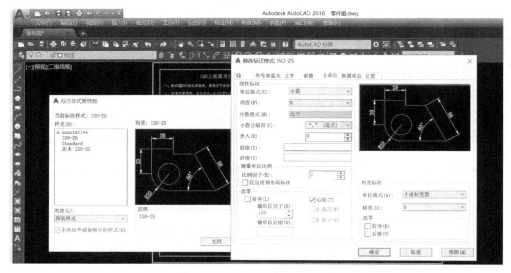

图4-5　设置尺寸标注格式

因为图纸中有两种标注比例，需设置两种标注样式，根据需要选择标注。

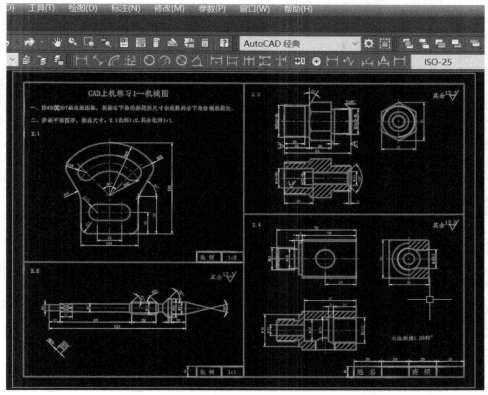

图4-6　设置尺寸标注

7.打印样式设置，打印输出（图4-7、图4-8）

图4-7　设置打印样式

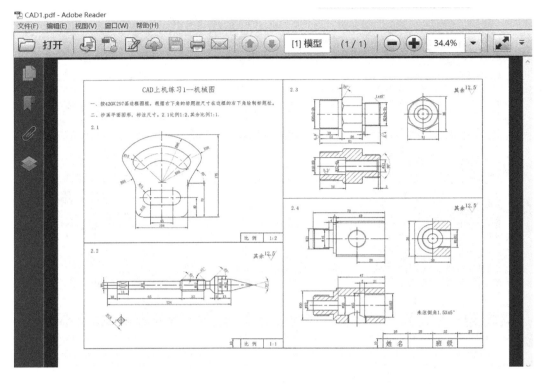

图4-8　打印输出

实验二　CAD制图——化工工艺图的绘制

　　化工工艺图分为工艺流程图、设备布置图和管路布置图，它们与机械图样比较起来具有模块简单，重复、近似结构较多，采用CAD绘制这类图样易于修改，充分利用创建块、插入块或复制粘贴工具可使这类文件的绘制变得简单、方便。

　　工艺流程图在绘制时主要注意设备大小确定及设备布局，使图纸中设备疏密适当、清晰美观。设备布置图有设备平面布置图和立面图，因设备是布置在厂房或建筑框架上，所以首先画建筑框架并做相应的标注，然后画设备基准线，画设备外形，最后完成标注。管路轴测图是管路布置图中表达最清晰的图，也是人们最常用的一种。管路轴测图多采用正等轴测图。在绘图中要注意管线的起点、终点、尺寸。绘制时先画线然后加上管件、阀门、管道代号，最后补全尺寸。

一、训练目的

　　1.掌握工艺流程图的绘制技巧。

　　2.掌握设备布置图的绘制和标注。

　　3.掌握管道轴测图的绘制和标注。

二、具体步骤

（一）工艺流程图绘制

1.设置图层，绘制基本模块（图4-9）

设备轮廓、阀门、仪表、箭头，设置多行文字格式。

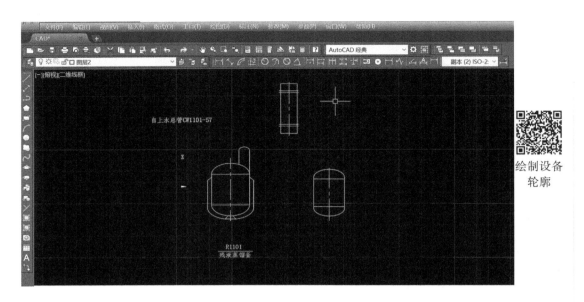

绘制设备
轮廓

图4-9 设置图层，绘制基本模块

2.设置块文件

将需要反复使用的模块，尤其是需要按比例缩放的模块做成块文件。如果经常绘制这类图样，创建属于自己的块素材库可以极大地提升绘图效率（图4-10）。

设置块
文件

插入
阀门

图4-10 创建块素材库

3.摆放设备

将设备摆放到合适的位置，画物料线，插入阀门、仪表、标注文字（图4-11）。

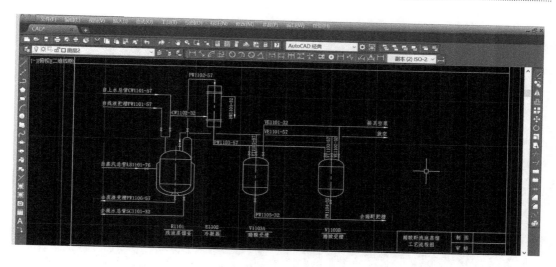

图4-11　摆放设备到合适的位置

4.完成图形内容

调整检查全图、完成标题栏、设备一览表内容。

（二）设备布置图绘制

1.绘制建筑物定位轴线、房屋立柱和设备基准线（图4-12）

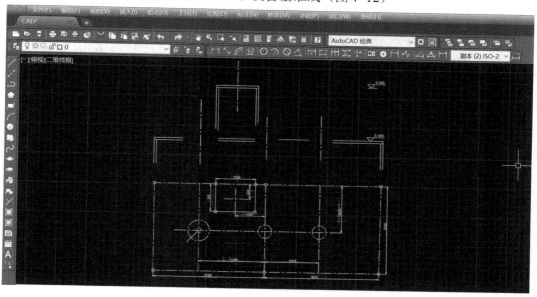

图4-12　绘制建筑物定位轴线图

2. 绘制设备轮廓（图4-13）

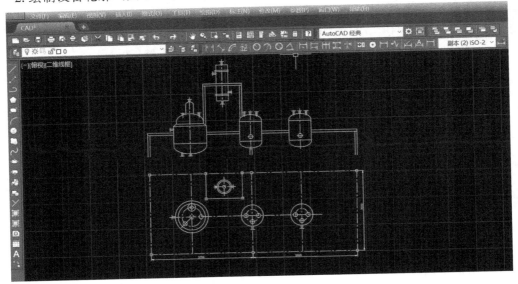

图4-13　绘制设备轮廓图

3. 标注尺寸和设备位号（图4-14）

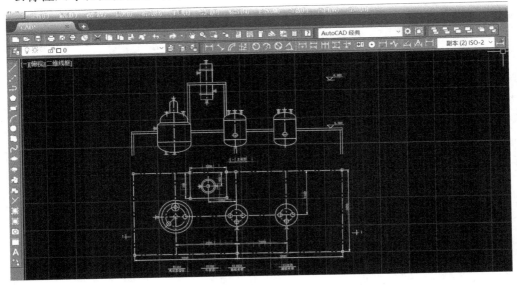

图4-14　尺寸和设备位号标注图

（三）管路轴测图绘制

1.设置捕捉方式为"等轴测捕捉"（图4-15）

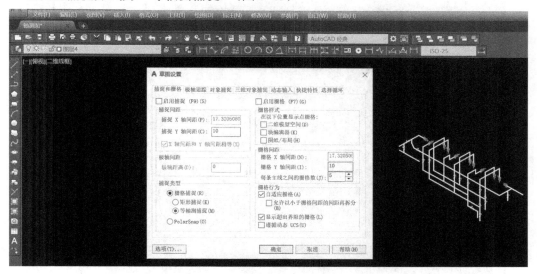

图4-15　设置捕捉方式图

2.绘制管线（图4-16），注意管口位置关系

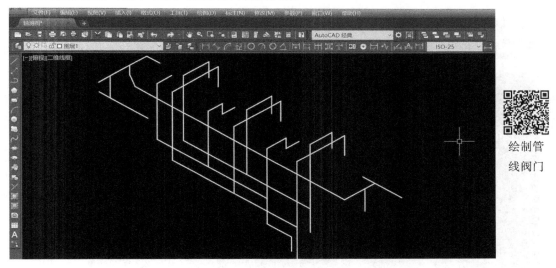

绘制管
线阀门

图4-16　绘制管线图

3.插入管件、阀门（图4-17）

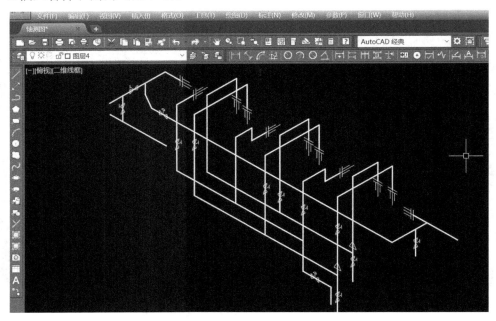

图4-17　插入管件、阀门图

4.修剪、标注（图4-18），完成全图

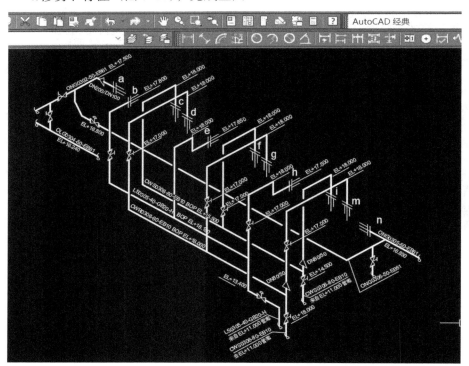

图4-18　修剪、标注图

插入阀门、
标注

实验三　CAD制图——3D模型创建

CAD具有3D功能，通过3D工具可以创建3D设备模型，将设备摆放到合适的位置，创建立柱、建筑物，建立3D化工厂模型。

一、训练目的

1.掌握三维工具的使用。

2.按尺寸创建3D化工设备模型。

3.将设备模型按位置尺寸布局。

4.创建建筑物，完成3D化工厂模型。

二、具体步骤

1.制作3D化工设备模型

化工设备基本为回转体，采用建模工具旋转能很好地创建3D设备，为保证模型的大小比例关系，可以在设备布置图中将设备轮廓设为二维模板，并加以适当修改创建三维模型（图4-19、图4-20）。

三维模型最方便的建模方式是旋转，将平面图形变成面域旋转时是立体图，线旋转时是回转面。实体编辑时会有不同，如果仅仅堆叠在一起，外形就没有差异。建立设备模型时要注意基准线的绘制和保留，它们可以帮助我们完成设备上各部件的定位叠加，也可帮助我们把创建的设备模型放到厂房中合适的位置。

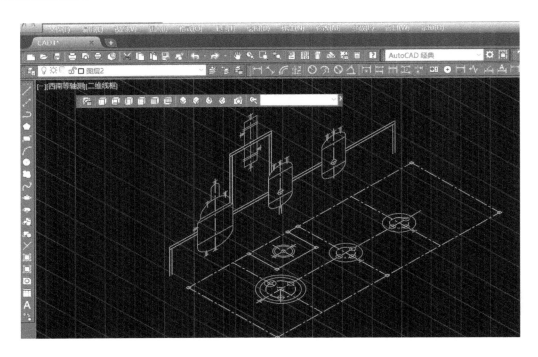

图4-19 三维模型建模（1）

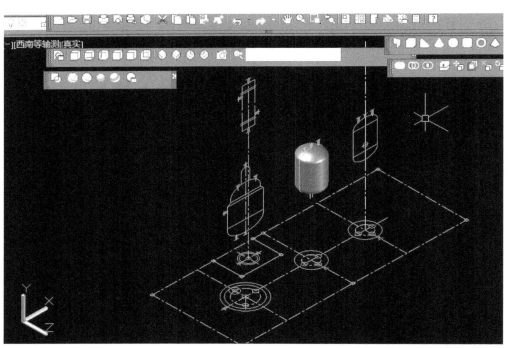

图4-20 三维模型建模（2）

3D建模   摆放设备

2.摆放设备

完成三维设备，将设备摆放在合适的位置（图4-21）。

图4-21　三维设备摆放

3.完成布置场景

制作厂房、框架（图4-22），完成立体设备布置场景。

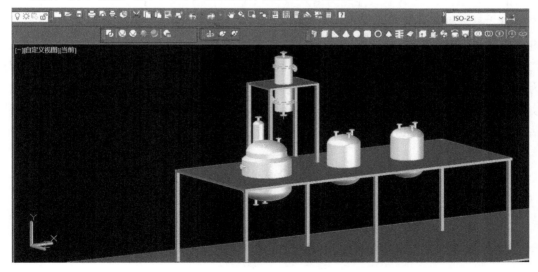

图4-22　制作厂房、框架图

第二节　ASPN模拟计算训练

过程模拟是化工领域的一门交叉学科。许多工程项目的开发需要模拟研究，从初步可行性分析、概念设计、详细设计到工艺运行。化工过程模拟的目的是通过数学模型来表示化学或物理转化的过程，该模型通过相平衡、传递和化学反应动力学方程来计算质量和能量平衡。

目前广泛使用的过程模拟器有：SPEED UP、ASPEN PLUS、DESIGN II、HYSYM、ASPENHYSYS、CHEMCAD 和 PRO II。过程模拟器是通过确定压力、温度和流量等参数，对化工过程在稳态下的行为进行建模的软件。过程模拟器的子程序是计算机程序，最初是提供与过程的进料物流及其一些参数相对应的信息向量。子程序采用向量和解释信息，寻找合适的模型来解决问题，计算的结果是该过程的产品流。

子程序在过程模拟器中使用两种计算模式：设计模式和评价模式。设计模式是根据所需的工艺条件，以期望的性能为出发点，寻找允许完成哪些条件的工艺或设备规范。评价模式是根据提供给模拟器的一些设计规范，对过程或设备的性能进行评估，以满足过程的某些特定条件。

Aspen Plus 和 Aspen Hysys 是稳态的过程模拟器，用于预测过程或一组单元操作的行为。Aspen Plus 的主要功能有：生成图表和表格、灵敏度分析、设备的尺寸计算和评估、实验数据回归、纯组分和混合物性能分析、残差曲线图的研究、工艺优化、物化性质的估计和回归、过程动态分析。

实验一　ASPEN PLUS中换热器模拟计算

换热器HeatX可以用于模拟两股物流逆流或者并流换热时的热交换过程，可以对大多数类型的双物流换热器进行简捷计算或详细计算。

HeatX主要有如下三种计算选项：

1.Shortcut：可进行简捷设计或者模拟计算，用较少的输入来模拟或设计一台换热器，不需要知道换热器的详细结构；

2.Detailed：在知道换热器的详细结构情况下，可进行详细的核算或者模拟，但不能进行换热器设计（在ASPEN PLUS V8.8版本中已不再使用该选项）；

3.Rigorous：包括Shell&Tube（管壳式换热器）、Kettle Reboiler（釜式再沸器）、Thermosyphon（热虹吸式）、AirCooled（空冷器）和Plate（板式换热器）选项，可进行严格的设计、核算或模拟。

一、简捷计算法（Shortcut）

Shortcut可以通过很少的信息输入，完成换热器的简单、快速的设计或核算，为用户提供决策进行参考。

下面以一个例题具体说明计算过程：

例：冷流体是甲醇（38.6%）和水（61.4%）的混合物，进料温度为30℃，压力为2.0 bar，流量为5000 kg/h，压降为0.2 bar；热流体是140℃的饱和水蒸气，流量为2100 kg/h，最终冷凝成100℃的水，压降为0.2 bar。用HeatX的Shortcut设计一管壳式换热器（热流体走壳程），并求冷流体出口温度、换热器的热负荷、所需的换热面积。物性方法用SRK。

1.打开软件，新建空白模拟（图4-23）

进入Properties界面输入组分METHANOL和WATER（图4-24）。

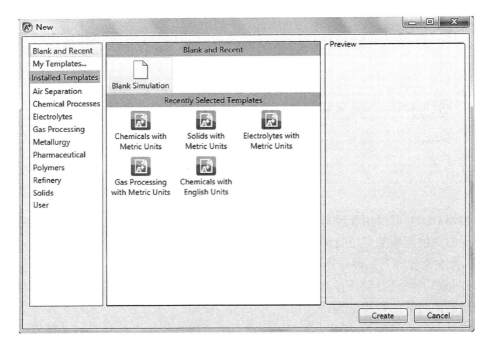

图4-23　建立空白模拟

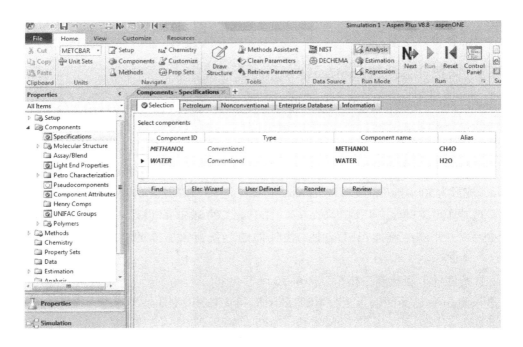

图4-24　Properties界面输入组分图

2.建立流程图

选择物性方法PENG-ROB，Free-water method默认STEAM-TA，点击Next进行Run

Property Analysis/Setup特性分析，查看分析结果（图4-25）。

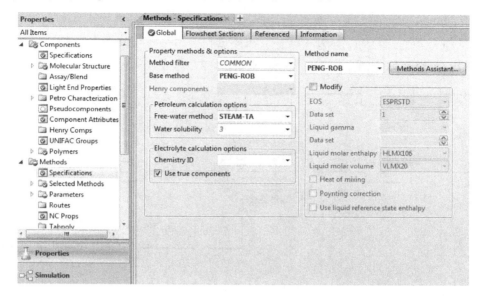

图4-25 选择物性方法图

显示二元交互参数（图4-26）。

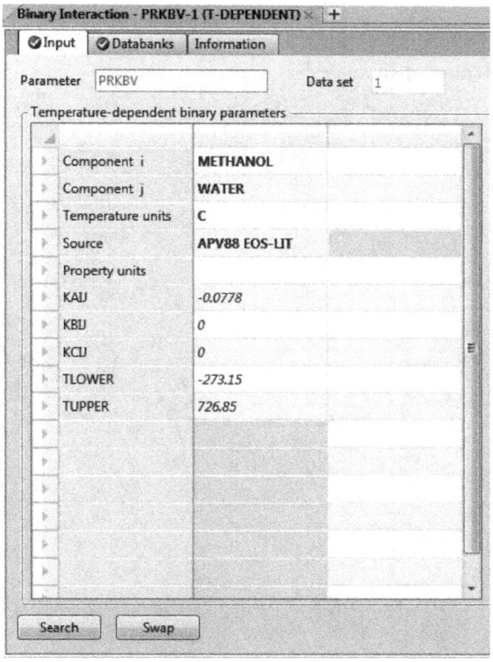

图4-26 二元交互参数图

2.建立流程图

选择Simulation，选择Exchangers-HeatX-GEN-HS模块，热流体走壳程，建立如下的流程图（图4-27）：模块名称HEATX，冷流体进料、出料名称分别为C-IN、C-OUT，热流体进料、出料名称分别为H-IN、H-OUT（图4-27）。

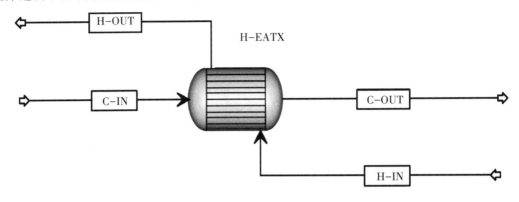

图4-27　模拟流程图

3.输入冷热流体进料条件

冷流体进料条件如（图4-28），温度为30℃，压力为2 bar，total flow basis选Mass质量流率，Composition选Mass-Frac质量分率。

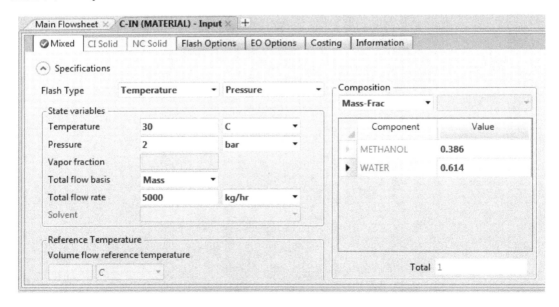

图4-28　冷流体进料条件选择图

热流体进料条件如图4-29所示，温度为140℃，气相分率Vapor Fraction是1，total flow basis选Mass质量流率，进料量为2100 kg/hr，Composition选Mass-Frac质量分率。

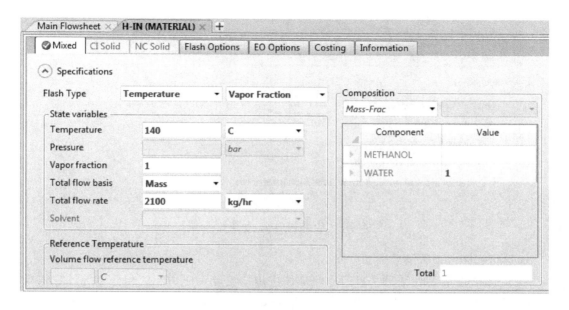

图4-29　热流体进料条件选择图

4.输入模块参数

选择Shortcut简捷算法（图4-30），并指定热流体出口温度100 ℃，计算类型为Design（设计）。

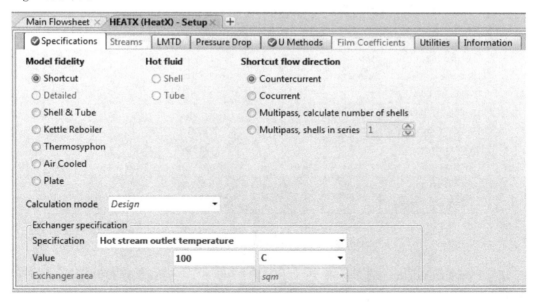

图4-30　选择算法图

5.输压力降

输入冷热物流的压力降，为-0.2bar（负数表示压力降）（图4-31）。

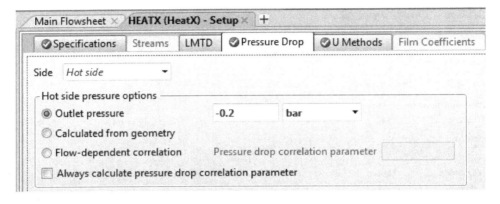

图 4-31　冷热流体压力降输入图

6.运行程序，查看结果

（1）Thermal results 结果，显示冷热流体进出口温度、压力和气相分率等计算结果，其中冷流体的出口温度为 102.394 ℃，气相分率为 0.40399，热流体出口温度为 100 ℃，气相分率为 0，全部冷凝（图 4-32）。

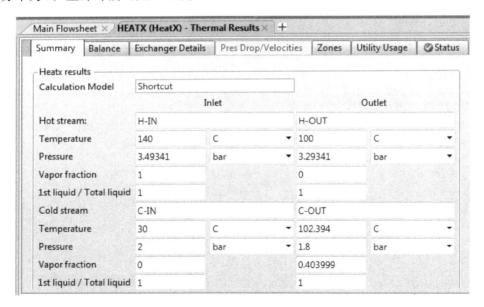

图 4-32　Thermal results 结果

（2）Exchanger details 结果，换热面积为 37.369 m²，热负荷为 336136 car/sec（图 4-33）。

Calculated heat duty	336136	cal/sec
Required exchanger area	37.369	sqm
Actual exchanger area	37.369	sqm
Percent over (under) design	0	
Average U (Dirty)	0.0203019	cal/sec-sqcm-K
Average U (Clean)		
UA	7586.63	cal/sec-K
LMTD (Corrected)	44.3064	C
LMTD correction factor	1	

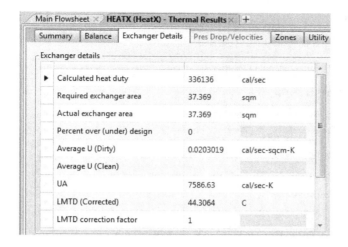

图 4-33 Exchanger details 结果图

（3）Stream results结果显示（图4-34）.

	C-IN	H-IN	C-OUT	H-OUT
Substream: MIXED				
Mole Flow kmol/hr				
METHANOL	60.2331	0	60.2331	0
WATER	170.411	116.568	170.411	116.568
Total Flow kmol/hr	230.644	116.568	230.644	116.568
Total Flow kg/hr	5000	2100	5000	2100
Total Flow l/min	93.1899	18663.1	26456.5	38.1143
Temperature C	30	140	102.394	100
Pressure bar	2	3.49341	1.8	3.29341

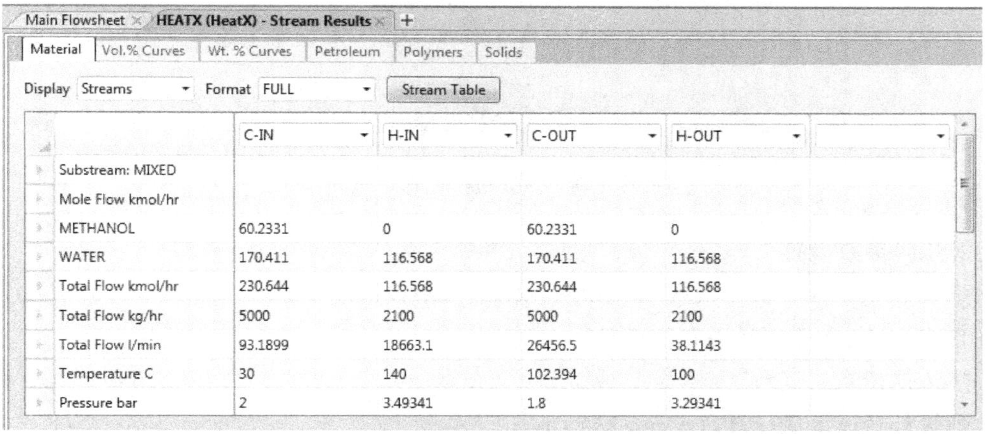

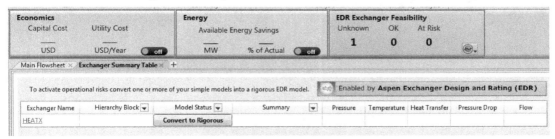

图 4-34 Stream results 结果图

二、严格算法（Rigorous）

1.点击EDR Exchanger Feasibility（图4-35）

图 4-35 选择EDR图

显示HEATX模块，点击Convert to Rigorous，弹出Convert to Rigorous Exchanger界面，默认设置，点击Convert（图4-36）。

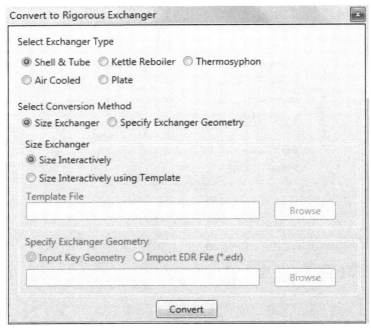

图4-36　转Rigorous算法参数选择图

2.几何参数设置

进入Geometry界面，设置换热器的几何结构参数（图4-37）。

TEMA type（壳程类型）– BEM

热流体位置：壳程

列管外径/管间距：19.05 mm/23.81 mm

管子排布类型：30°三角形排列

管子是否在挡板窗口内：是

管板类型：单节段

管板切口方向：水平

换热器材质：碳钢

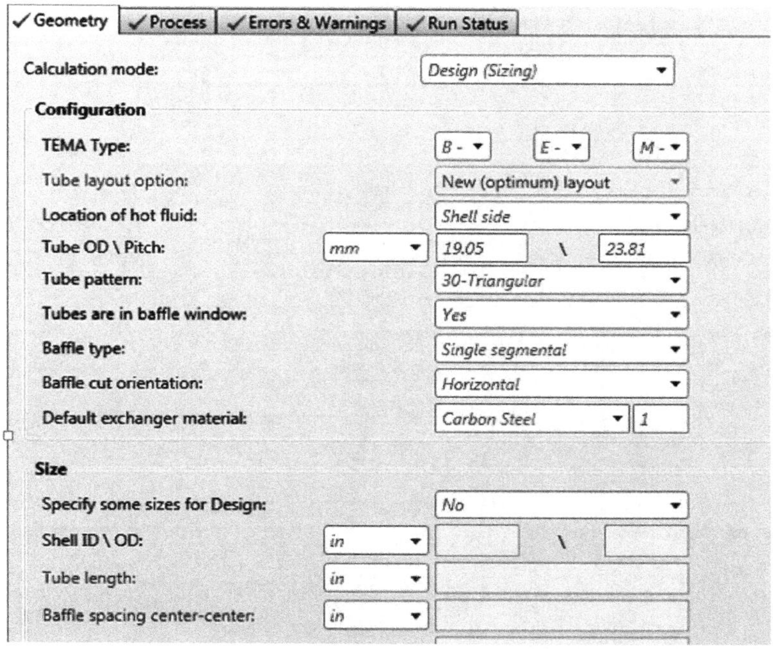

图 4-37　几何参数设置

3.计算几何参数

Size：

设计时有无特殊尺寸：NO

壳体内\外径（mm）：205\219.08

管长（mm）：3750

管板间距（mm）：200

管板数：16

列管数\管程：44\1

点击 Size，根据物流参数，计算几何参数（图4-38）。

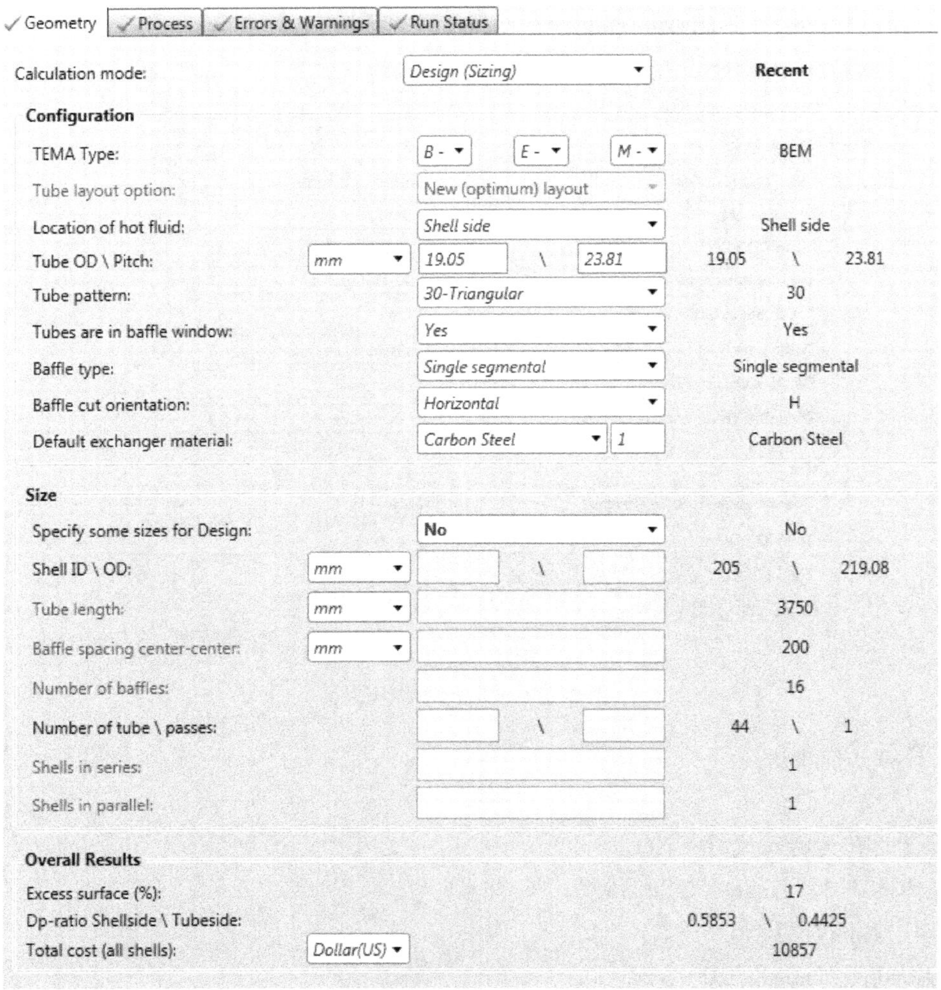

| Geometry | Process | Errors & Warnings | Run Status |

Calculation mode: Design (Sizing) — Recent

Configuration

TEMA Type:		B -	E -	M -	BEM
Tube layout option:		New (optimum) layout			
Location of hot fluid:		Shell side			Shell side
Tube OD \ Pitch:	mm	19.05	\	23.81	19.05 \ 23.81
Tube pattern:		30-Triangular			30
Tubes are in baffle window:		Yes			Yes
Baffle type:		Single segmental			Single segmental
Baffle cut orientation:		Horizontal			H
Default exchanger material:		Carbon Steel		1	Carbon Steel

Size

Specify some sizes for Design:		No			No
Shell ID \ OD:	mm		\		205 \ 219.08
Tube length:	mm				3750
Baffle spacing center-center:	mm				200
Number of baffles:					16
Number of tube \ passes:			\		44 \ 1
Shells in series:					1
Shells in parallel:					1

Overall Results

Excess surface (%):		17
Dp-ratio Shellside \ Tubeside:	0.5853 \ 0.4425	
Total cost (all shells):	Dollar(US)	10857

图 4-38　几何参数

4. Accept design（图4-39）

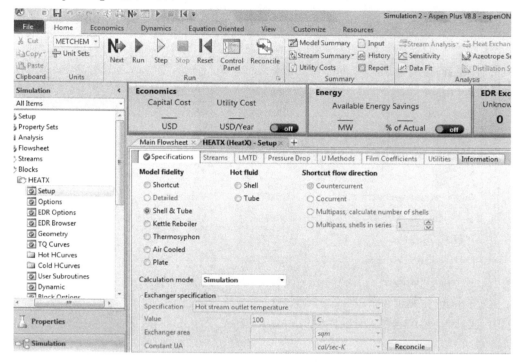

图4-39　确认设计

进入Shell&Tube模式，计算类型：Simulation，点击Next，进行运算，计算结果如下：

（1）Thermal Results（图4-40）

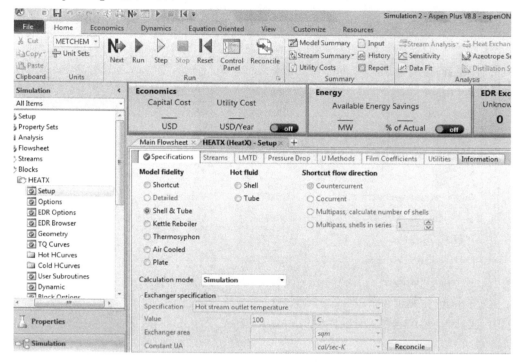

图4-40　热效应结果图

（2）EDR Shell&Tube Results（图4-41、图4-42）

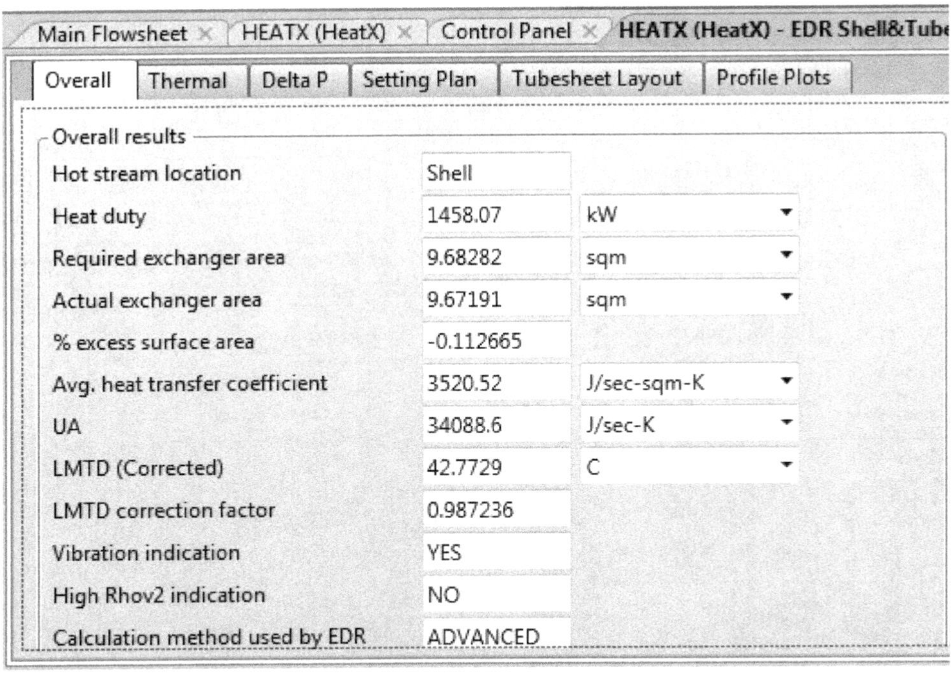

图4-41　EDR Shell&Tube 结果图（1）

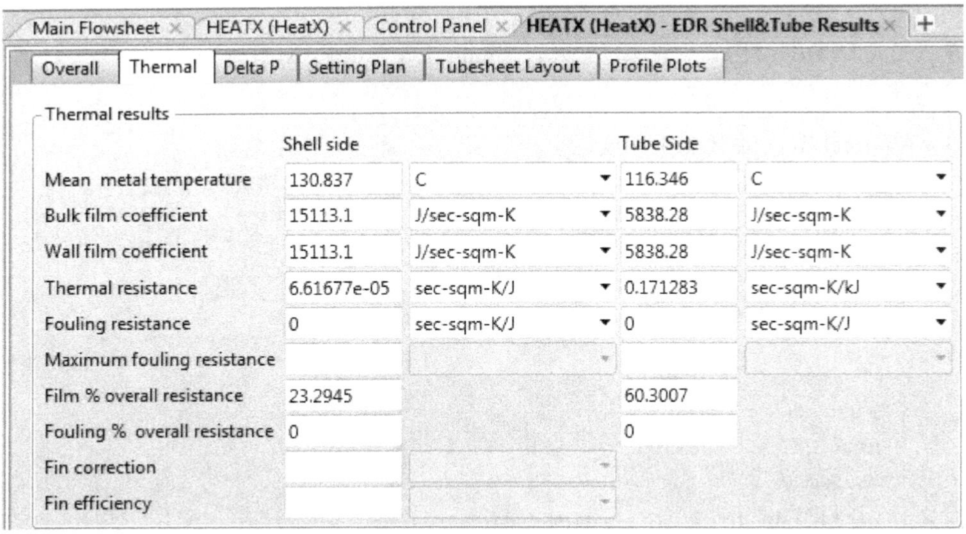

图4-42　EDR Shell&Tube 结果图（2）

实验二 ASPEN PLUS 中精馏塔的模拟计算

ASPEN PLUS 的塔模型中有简捷蒸馏模型和严格蒸馏模型，如表4-1所示。

表4-1 ASPEN PLUS 的塔模型

	模型
简捷蒸馏模型	DSTWU、Distl、SCFrac
严格蒸馏模型	RadFrac、MultiFrac、PetroFrac、RateFrac

塔模拟计算首先进行简捷塔设计型计算，计算出理论塔板数、最小回流比、进料位置、塔顶/釜热负荷，然后进行塔的精确模拟计算。

模拟方法如下：

（1）首先用简捷精馏模块（DSTWU）确定满足要求的理论塔板数、进料位置和采出率的初始值；

（2）分析得到塔板数随回流比的变化曲线，确定合适的回流比；

（3）结合以上两条确定严格精馏RADFRAC模块的输入条件，并用RADFRAC模块进行模拟；

（4）用灵敏度分析辅助求解，使之达到分离要求。

下面以一个例题具体说明计算过程：

例：甲醇和乙醇的精馏分离：

进料组成：甲醇（38%）、水（62%）

进料量：10 t/h

进料条件：进料压力120 kPa，饱和液体进料

模块参数：实际回流比为最小回流比的1.5倍，冷凝器压力：101 kPa，再沸器压力：120 kPa

分离要求：甲醇纯度（99.3%）、甲醇回收率（99.5%）

一、简捷设计（DSTWO）

1.新建空白模拟（图4-43）

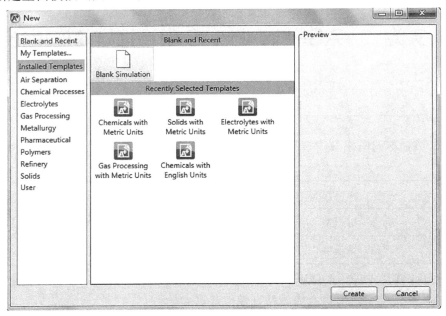

图4-43　建立空白模拟

2.进入properties界面，输入物料成分——甲醇和水（图4-44）

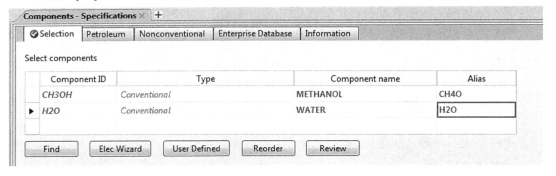

图4-44　输物料成分图

3.选择物性方法

选用WILSON方程（图4-45），并查看二元交互作用参数（图4-46）。

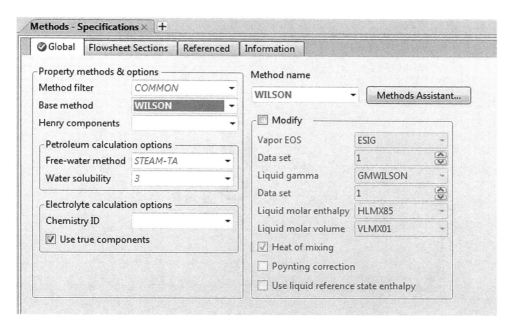

图 4-45　选择物性方法

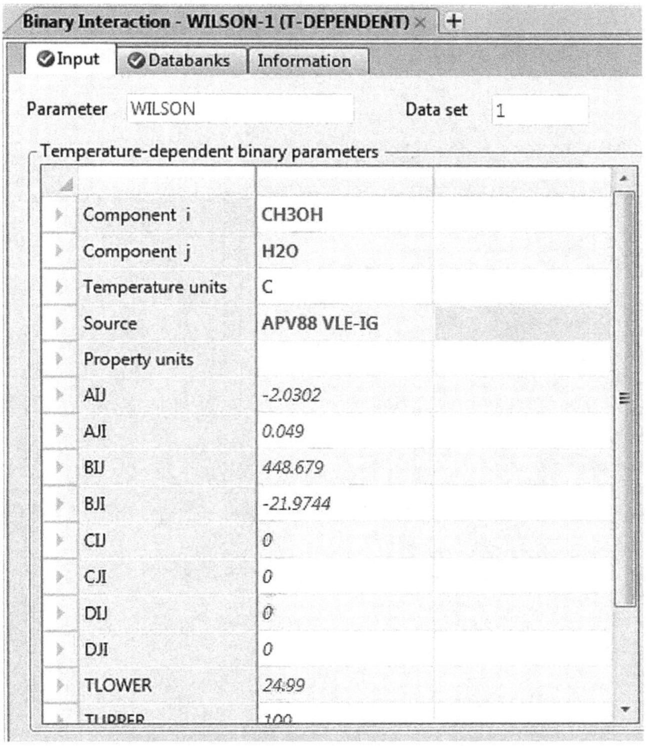

图 4-46　二元交互参数图

4.建立模拟流程

建立简捷精馏模块（DSTWU）流程图，并修改名称为DSTWU（图4-47）

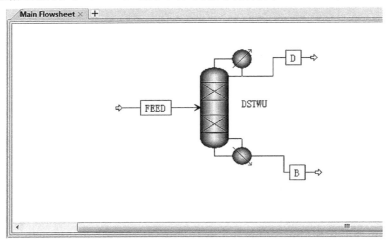

图4-47　流程图

5.输入进料物流FEED的条件（图4-48）

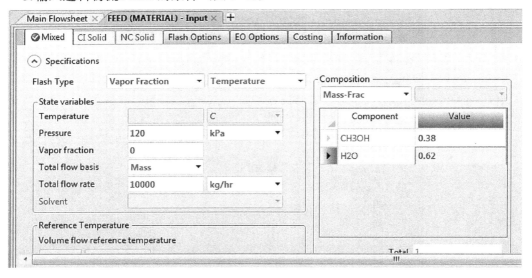

图4-48　进料物流条件选择图

6.输入DSTWU模块参数（图4-49）

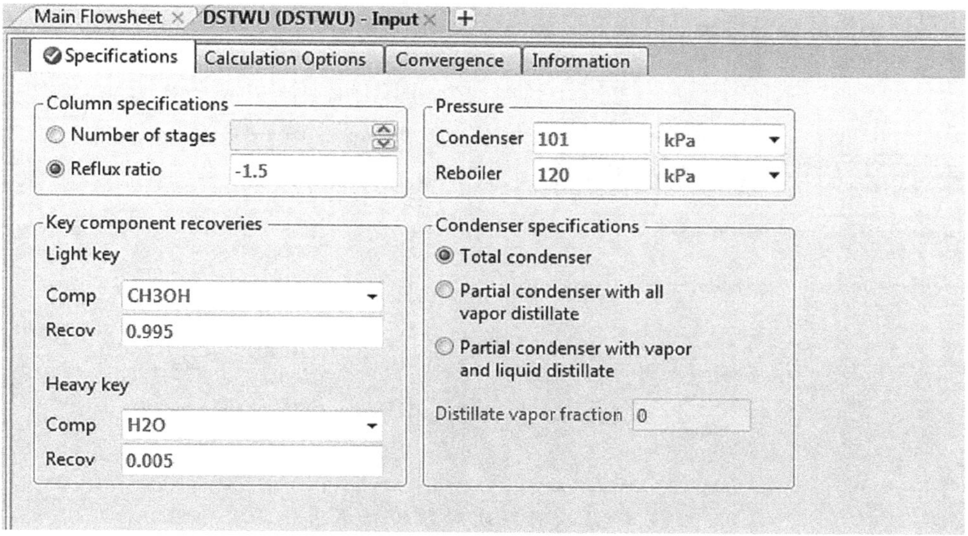

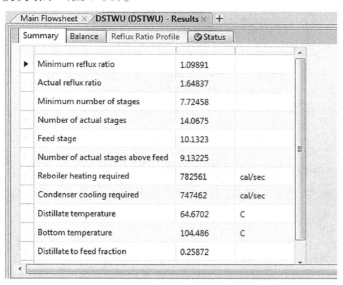

图4-49 模块参数输入界面

7.查看结果

至此已经把简捷计算模块参数输入完毕，运行模拟，收敛。可以在BLOCKS/DSTWU/RESULTS里查看模块结果（图4-50）。

图4-50 模块结果界面

8.确定最佳回流比

根据回流比和理论板数的关系，确定最佳回流比。在BLOCKS/DSTWU/INPUT/CALCULATION OPTIONS界面勾选GENERATE TABLE OF REFLUX RATIO VS NUMBER

OF THEORETICAL STAGES，重新运行。在RESULTS/REFLUX RATIO PROFILE界面查看回流比对理论板数表（图4-51）。

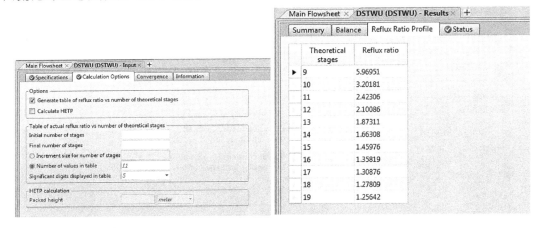

图4-51　回流比对理论板数表

点击CUSTOM，以回流比为X轴，理论塔板数为Y轴，作出图像（图4-52）。

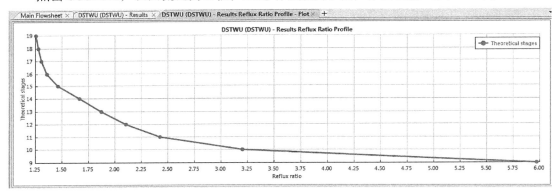

图4-52　回流比对理论板数表

通过数值方法可以求出，上述曲线斜率变化最快（二阶导数值最大）的点在$R=$ 1.663，根据精馏理论，该点是最佳回流比值，对应的塔板数为14块（图5-53）。

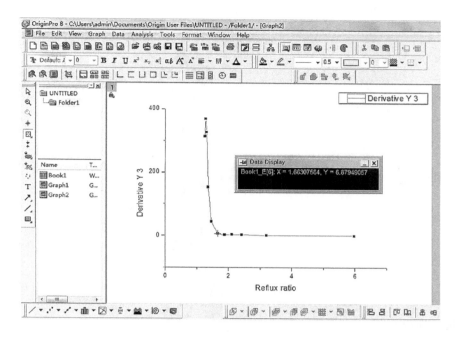

图4-53 回流比-理论板数曲线图

以此回流比为条件重新运行设置参数（图4-54）。

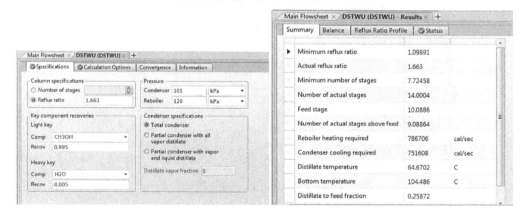

图4-54 最佳回流比运行结果

实际回流比 $R=1.663$，实际塔板数14块，进料级10块，塔顶采出率0.25872，如图4-54。

二、严格设计（RADFRAC）

使用RADFRAC模块进行严格精馏模拟。

1.插入模块、连接物流

在流程图窗口插入RADFRAC模块，用MANIPULATORS的DUPL模块复制FEED进料流股作为RADFRAC模块的进料，然后连接各物流，如图4-55所示：

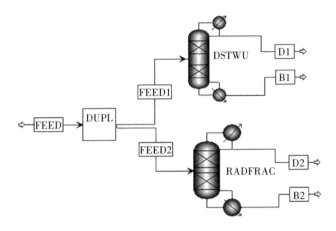

图4-55　模拟流程图

2.输入模块参数

首先是Configuration界面（图4-56）：

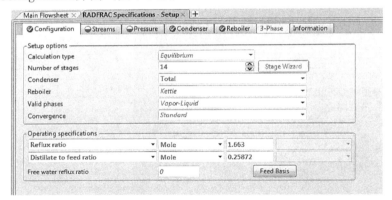

图4-56　Configuration界面

然后是Streams界面（图4-57）：

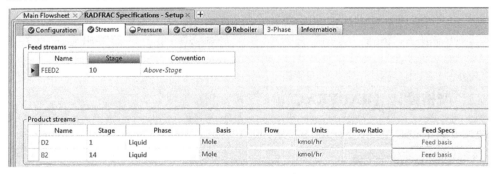

图4-57　Streams界面

最后是Pressure界面（图4-58）：

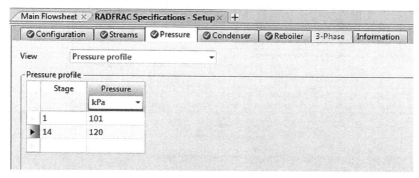

图4-58　Pressure界面

3.运行，收敛，查看结果

在这里需要进行设置，在SETUP/REPORT OPTIONS/STREAM界面勾选MASS，就可以查看结果。塔顶产品甲醇质量含量99.1476%（图4-59），未达到99.3%的要求。

	FEED2	D2	B2	
Mole Flow kmol/hr				
CH3OH	118.594	117.919	0.675181	
H2O	344.152	1.80309	342.349	
Mass Flow kg/hr				
CH3OH	3800	3778.37	21.6343	
H2O	6200	32.4831	6167.52	
Mass Frac				
CH3OH	0.38	0.991476	0.00349551	
H2O	0.62	0.00852385	0.996505	

图4-59　分离结果界面

4.灵敏度分析

接下来通过灵敏度分析，使塔顶中甲醇含量最高，结果达到分离要求。

首先定义操作变量和目标变量（图4-60、图4-61、图4-62）。

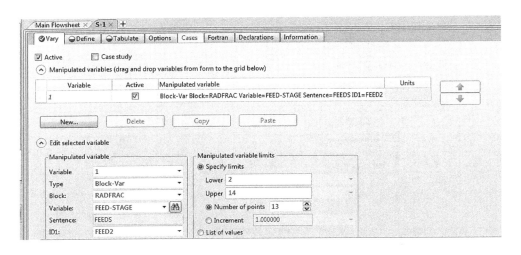

图4-60　操作变量定义界面（1）

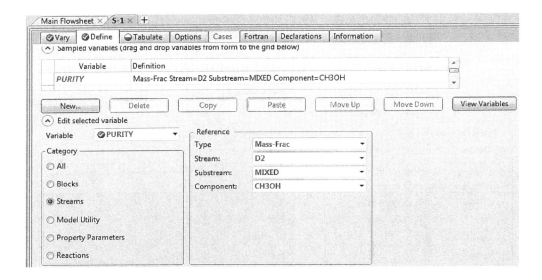

图4-61　操作变量定义界面（2）

图4-62　操作变量定义界面（3）

运行，查看结果，并绘图（图4-63、图4-64）。

Row/Case	Status	VARY 1 RADFRAC FEED2 FEEDS STAGE	PURITY
2	OK	3	0.907875
3	OK	4	0.944682
4	OK	5	0.965108
5	OK	6	0.977416
6	OK	7	0.985049
7	OK	8	0.989701
8	OK	9	0.991761
9	OK	10	0.991473
10	OK	11	0.987807
11	OK	12	0.975068
12	OK	13	0.942094

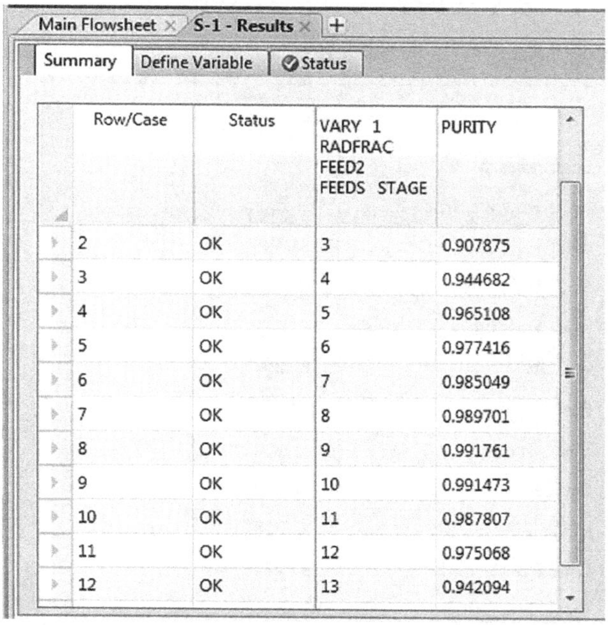

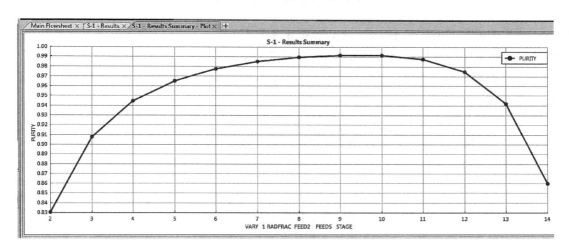

图4-63 分离结果图（1）

图4-64 分离曲线

由此可以看出，最佳进料位置为第9块板，修改条件重新输入并运行。

查看分离结果：此时为质量纯度为0.9921（图4-65）。

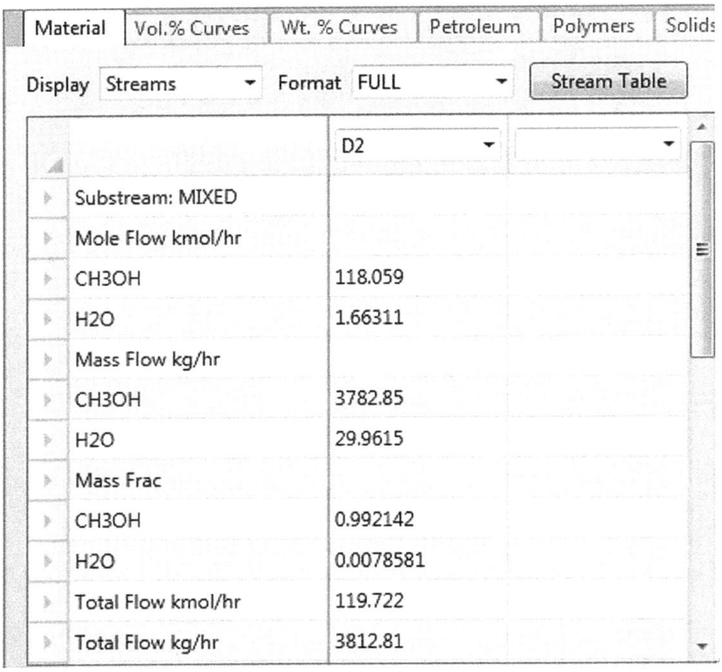

图 4-65　分离结果图（2）

接下来通过设计规定修改回流比达到分离要求，在此之前我们不激活灵敏度分析，防止设计规定中的目标变量与灵敏度相冲突引起警告。

（1）如图 4-66 所示是纯度设定画面，图 4-67 是组分设定画面，图 4-68 是进料物流设定画面。

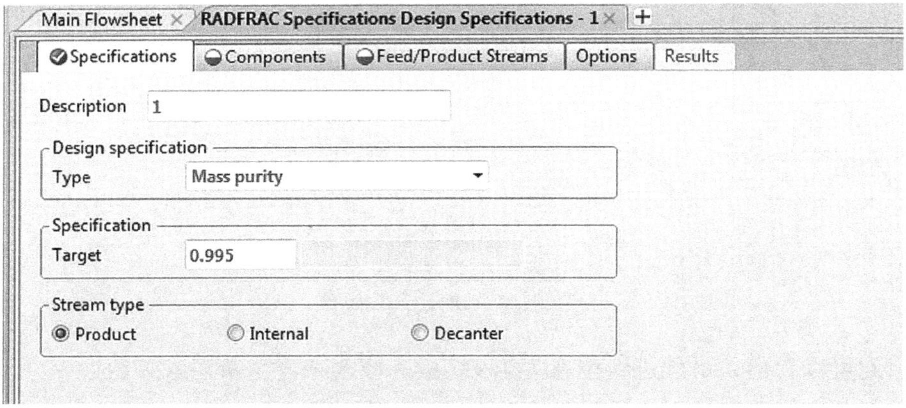

图 4-66　纯度设定

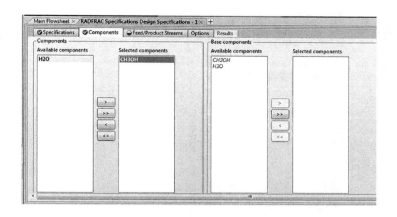

图 4-67 组分设定

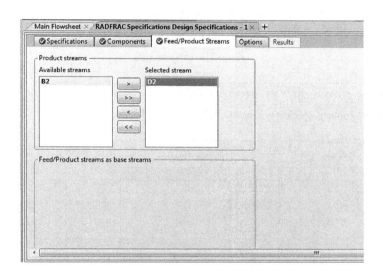

图 4-68 进料物流设定

（2）如图 4-69 是回收率设定画面，图 4-70 是组分设定画面，图 4-71 是进料物流设定画面。

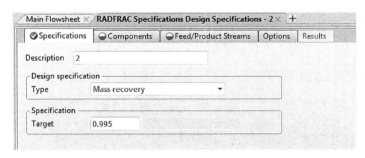

图 4-69 回收率设定

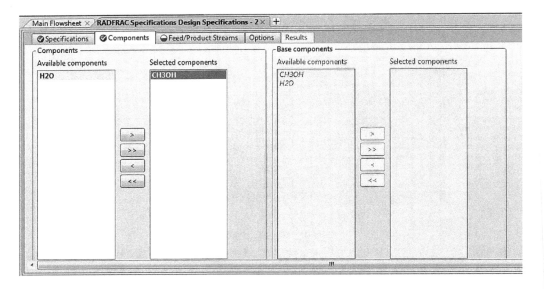

图 4-70　组分设定

图 4-71　进料物流设定

然后设定操作变量，即回流比，如图 4-72。

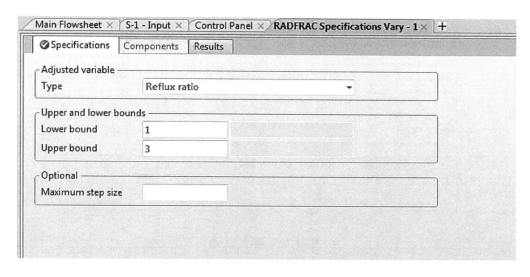

图4-72 回流比设定

运行，收敛，回流比为1.7516时满足要求，如图4-73所示。

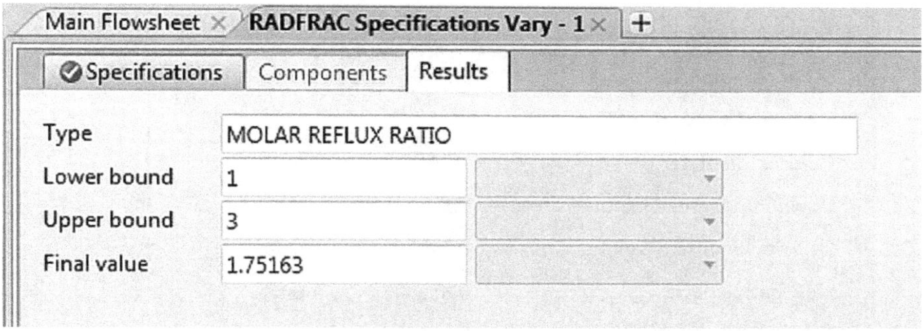

图4-73 优化的回流比结果

（3）塔板设计

点击 TRAY RAY RAY RAY SIZING IZING IZING IZING IZING ，新建，输入条件，选择筛板塔（这里第1块和第14块塔板分别是冷凝器和再沸器，不予进料），如图4-74所示。

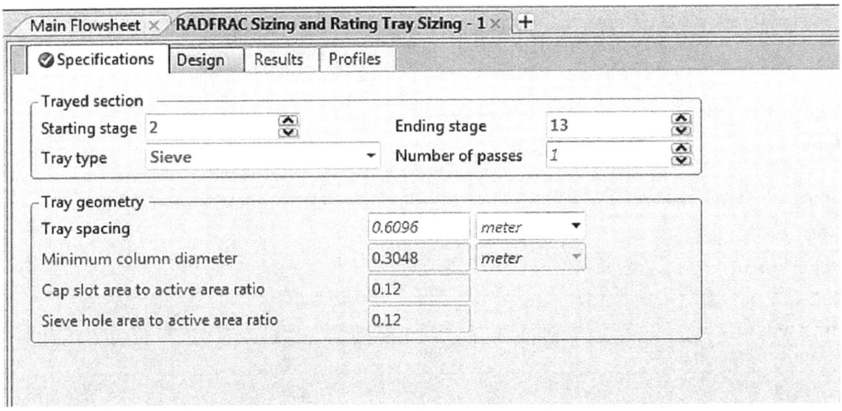

图 4-74　塔板设计

运行，查看结果，图4-75是塔板计算结果。

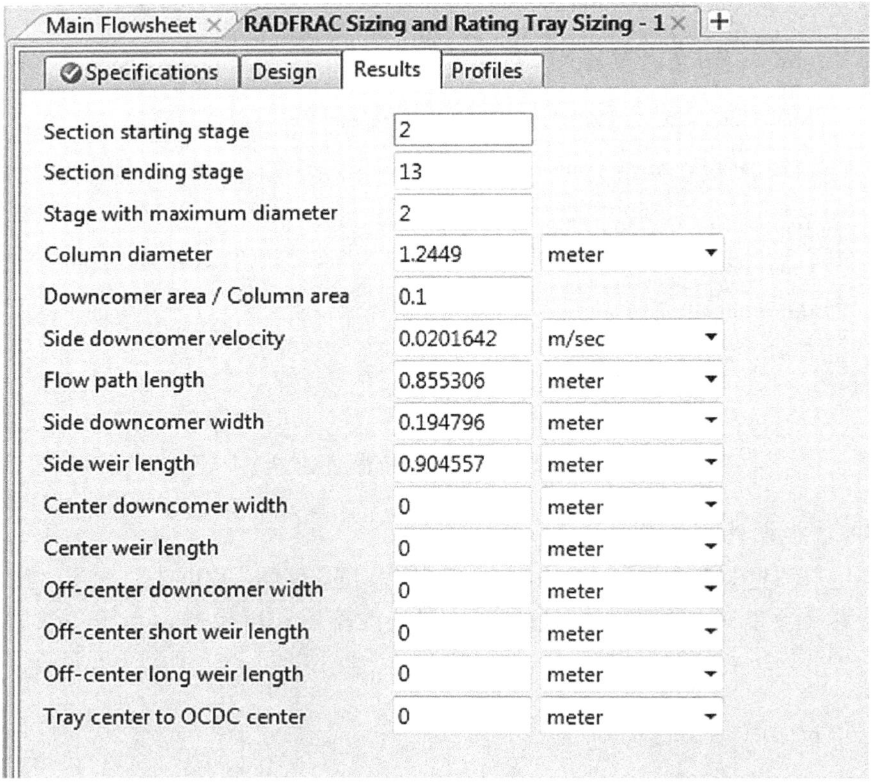

图 4-75　塔板计算结果

参考文献

［1］王志魁.化工原理［M］.北京：化学工业出版社，1984.

［2］李丽娟，陈瑞珍.化工实验及开发技术［M］.北京：化学工业出版社，2012。

［3］徐云升，黎瑞珍，张铁涛.实验数据处理与科技绘图［M］.广州：华南理工大学出版社，2010。

［4］王志坤.化工单元操作技术［M］.北京：高等教育出版社，2013。

［5］刘志宏，李保新.大学基础化学实验［M］.北京：高等教育出版社，2016。

［6］赵刚.化工仿真实训指导［M］.北京：化学工业出版社，2008。

［7］梁克中.化学工程与工艺专业实验［M］.重庆：重庆大学出版社，2011。

［8］乐清华.化学工程与工艺专业实验［M］.北京：化学工业出版社，2013。

［9］赵宗昌.化学工程与工艺实验教程［M］.大连：大连理工大学出版社，2009。

［10］王虹，高劲松，程丽华.化学工程与工艺专业实习指南［M］.北京：中国石化出版社，2009。

［11］陈培榕，邓勃.现代仪器分析实验与技术［M］.北京：清华大学出版社，1999.

［12］方惠群，于俊生，史坚.仪器分析［M］.北京：科学出版社，2002.